DU

BISTOURNAGE

SOUS LES RAPPORTS

HYGIÉNIQUE, CHIRURGICAL ET PATHOLOGIQUE,

PAR

M. Serres,

Chef de clinique à l'École impériale vétérinaire de Toulouse, membre correspondant de la Société d'Agriculture de la Haute-Garonne.

TOULOUSE,

TYPOGRAPHIE DE CHAUVIN ET FEILLÈS,

RUE MIREPOIX, 3.

1853.

DU BISTOURNAGE.

La castration des ruminants est pratiquée depuis des siècles ; il paraîtrait, d'après nos recherches, que durant des siècles aussi le mode opératoire ordinairement employé consistait dans l'ablation des testicules. Seulement, au seizième siècle, nous voyons indiqué, par Olivier de Serres, le bistournage, comme un des procédés de castration connus et usités.

Depuis l'époque où ce célèbre agronome écrivait son *Théâtre d'Agriculture*, tous les auteurs qui se sont occupés des ruminants soumis à l'état de domesticité, et principalement du bœuf et du mouton, ont signalé le bistournage comme étant le procédé de castration opératoire le plus avantageux. Ce n'est donc pas une question neuve que nous nous proposons de traiter ; aussi, mettant à profit tout ce qui a été dit sur ce point, nous ferons tous nos efforts pour la rendre, sous le triple rapport *hygiénique*, *chirurgical et pathologique*, aussi complète que possible.

Nous aurons donc à nous occuper successivement : 1° de l'historique ; 2° à voir si ce procédé doit être employé chez tous les animaux ; 3° à le comparer aux autres modes de castration ; 4° à signaler l'âge auquel on doit le pratiquer ; 5° à décrire le manuel opératoire ; 6° à indiquer les accidents qui peuvent en résulter et les moyens d'y remédier.

PREMIÈRE PARTIE.

SOMMAIRE.

Motifs qui doivent faire proscrire le bistournage chez les solipèdes et le faire adopter exclusivement chez les ruminants. — Age auquel il convient de bistourner les ruminants. — Pour le taureau il doit varier d'après le but qu'on se propose. — Influence qu'exerce cette opération, selon l'âge auquel on la pratique, sur la conformation, la force, l'aptitude au travail et à l'engraissement des bêtes bovines.

HISTORIQUE.

Nous croyons utile de donner un extrait ou une rapide analyse des travaux qui ont paru jusqu'à nos jours sur la castration des ruminants; par là, nous initierons le lecteur à ce qui a été omis, aux questions non suffisamment approfondies et aux erreurs commises, et lui éviterons, s'il désire connaître ce qui a été fait sur ce point, de nombreuses et ennuyeuses recherches.

Dans la traduction de la sainte Bible par Lemaistre de Sacy, nous trouvons dans le 3e livre de Moïse, dit Lévitique, chapitre XXII, verset 24 : « Vous n'offrirez au Seigneur nul animal qui a été destiné à la conservation de son espèce, ou froissé, ou foulé, ou coupé, ou arraché, etc. »

Hésiode : Le huitième jour du mois, tu peux châtrer les chevaux et les bœufs mugissants.

Pline dit qu'il est prématuré de châtrer les moutons avant cinq mois.

Ouvrages des agronomes latins; traduction de M. Nisard, professeur d'éloquence latine au Collége de France :

Caton ne cite pas la castration dans ses notes d'économie rurale.

Varron, livre II, page 109. — On ne châtre les agneaux qu'à l'âge de cinq mois. Même livre, page 117, il dit en parlant des taureaux : Il ne faut pas les châtrer avant l'âge de deux ans ; si l'opération a lieu plus tôt, ils ont peine à s'en remettre ; plus tard, ils deviennent indociles et impropres au travail.

Columelle, *De Re rustica*, livre VI, page 327. — Magon est d'avis que l'on doit châtrer les veaux quand ils sont encore jeunes, et qu'il ne faut pas faire alors cette opération avec le fer, mais qu'il faut comprimer les testicules avec un morceau de férule fendue, et les écraser ainsi peu à peu, parce qu'il pense que la castration ainsi faite peu à peu à un animal, dans un âge tendre et sans plaie, est la meilleure de toutes. Mais si l'on veut attendre qu'il ait pris des forces pour la faire, il vaudra mieux le châtrer à l'âge de deux ans que dans sa première année; il indique le procédé opératoire. L'animal est maintenu debout et solidement fixé; ensuite, avant d'approcher le fer, on saisit avec deux lattes en bois étroit, qui serrent comme des tenailles, les nerfs des testicules; après les avoir saisis, on ouvre sur-le-champ l'enveloppe des testicules avec le fer, et, après les avoir comprimés pour les faire sortir de cette enveloppe, on les coupe de façon qu'on en laisse l'extrémité par laquelle ils tiennent à ces nerfs.

En suivant cette méthode, le bouvillon n'a point de danger à courir par l'éruption du sang; outre qu'il n'est point si efféminé qu'il le serait si on le privait de toute masculinité, quoiqu'en conservant l'apparence du sexe masculin il perde réellement la puissance d'engendrer.

Palladius : *De Re rustica*, livre VI, page 601. — Cet auteur a copié Columelle; il cite un procédé qui ne diffère de celui de Magon qu'en ce que l'instrument, pour couper le cordon, est chauffé à blanc.

Olivier de Serres, 1er volume, page 534. — « Deux façons de chastrer les taureaux sont en usage, c'est assavoir en leur coupant et ostant entièrement les génitoires par incision, à la mode des autres bestes, et l'autre en les leur estordans avec des ténailles, ce qui leur amortit les nerfs auxquels ils sont attachés, et après les fourrans dans le ventre.

» Ceste-ci peut être dicte demi chastrer; elle est néantmoins pour son utilité plus pratiquée que ceste-là; d'autant que par tel moyen le bœuf n'est dutout efféminé; ains seulement on lui assopie la vertu engendrante, et osté ce qui le rend furieux, qui est faire ce que désirés, lui restans du courage masculin à suffisance pour la force au labourage. Ce qui n'advient par le précedent ordre, s'en allant avec les génitoires la plus-part de sa valeur, dont il demeure durant sa vie plus faible et moins courageux. »

Il est aisé de comprendre que l'auteur veut parler du bistournage, et lorsqu'il dit qu'il faut fourrer les testicules dans le ventre, il entend, sans nul doute, les remonter le plus possible vers les régions inguinales, et non les faire entrer dans le ventre, ainsi que le pense l'auteur des notes sur cet ouvrage.

Buffon : Article *bœuf*, tome III, page 67; édition revue par Richard. — « Les veaux châtrés jeunes deviennent des bœufs plus grands, plus gros, plus gras que ceux auxquels on ne fait la castration qu'à deux, trois ou quatre ans; mais ceux-ci paraissent conserver plus de courage et d'activité. Les bœufs qu'on n'a que bistournés, c'est-à-dire auxquels on a seulement comprimé les testicules, serré et tordu les vaisseaux qui y aboutissent, ne laissent pas que de répandre une liqueur apparemment à demi-purulente, et qui peut causer des ulcères à la vache, lesquels dégénèrent ensuite en carnosités. »

A l'article *bélier*, même volume, page 75, Buffon ne parle pas du bistournage comme un des procédés en usage chez ces animaux ; il cite seulement l'extraction et la compression au-dessus des bourses.

Nouvelle maison rustique, 8e édition, 1er volume, page 270. — Quant aux veaux, lorsqu'on ne les vend point jeunes, on les destine à la charrue, au charroi, et, pour cet effet, on les châtre à deux ans ; quelques personnes leur font cette opération à six mois, mais c'est les exposer à une mort presque certaine. A deux ans, aucun risque ; époque : printemps ou automne.

Pour le procédé opératoire, on reproduit celui indiqué par Columelle.

Lafosse : *Dictionnaire raisonné d'hypiatrique*, etc. — Bistourner, dit-il, c'est donner un tour ou une entorse, pour ainsi dire, aux testicules d'un cheval, de façon qu'il ne peut plus engendrer, quoiqu'il ne soit pas châtré. Cette opération, Dieu merci, ne se pratique plus que par de vrais ignorants.

Buchos : *Dictionnaire vétérinaire et des animaux domestiques*, article *bœuf*, page 174. — « Si l'animal est jeune, on supprime les testicules au taureau ; s'il est âgé, on les lui comprime seulement et on serre et tord les vaisseaux qui y aboutissent, ce qui s'appelle pour lors bistourner. »

Encyclopédie méthodique, *Histoire naturelle*, tome Ier, page 22. — Reproduction exacte de ce qu'en a dit Buffon.

Teissier : *Instruction sur les bêtes à laine*, page 95. —

On bistourne les béliers de trois à quatre ans. Cette opération consiste à saisir les testicules et à les tordre si fortement qu'ils ne puissent plus servir en qualité d'organes sécréteurs de l'humeur séminale; on fait remonter les testicules, on lie au-dessous pour qu'ils ne redescendent pas; au bout de quelques jours, on retire la ligature. La chair n'est pas aussi bonne que celle des animaux châtrés jeunes.

M. Leblanc : *Journal de médecine vétérinaire et comparée*, 3e année, page 234. — L'auteur indique la manière de fixer l'animal : un seul aide lui suffit; les membres sont laissés libres; le manuel opératoire est assez bien décrit, surtout le deuxième temps de l'opération, qui consiste à faire basculer le testicule; mais nous avons cru néanmoins remarquer que l'auteur n'a pas suffisamment indiqué les diverses manipulations à exécuter dans tous les temps de l'opération.

Citons un exemple qui se rapporte au deuxième temps :

« Pour faire faire la culbute au testicule, l'opérateur » saisit avec le pouce, l'index et le medius le cordon à » son origine, près de l'épididyme etc. ». Pour rendre la démonstration complète, l'auteur aurait dû ajouter : au moment où le testicule va devenir, pour qu'il devienne même parallèle au cordon, il faut nécessairement que l'opérateur cesse la compression exercée sur le cordon, et que le pouce, placé d'abord sur le cordon, vienne appuyer sur la pointe inférieure du testicule devenue supérieure; de telle sorte qu'en ce moment la même main embrasse et maintient tout à la fois le cordon et le testicule, pendant que l'autre continue son mouvement d'impulsion de bas en haut. Ce sont là des détails que l'auteur a cru devoir passer sous silence et qui sont, d'après nous, d'une très-grande importance pour la facilité et la promptitude de l'opération ; nous pourrions même dire que, si on ne cessait pas la compression exercée sur le cordon, le testicule ne pourrait jamais s'appliquer contre son cordon. C'est même cette nécessité qui a dû faire passer sous silence les minutieux détails que nous venons de faire connaître.

Toujours est-il qu'en lisant l'article de M. Leblanc il est facile de se convaincre que ce savant vétérinaire a souvent pratiqué cette opération, et qu'il en a donné le premier une bonne description.

Hurtrel-d'Arboval (1re édition) : *Dictionnaire de médecine et de chirurgie*, article *bistournage*. — Vatel : *Eléments de pathologie vétérinaire*, etc., tome II, page 456. — Les descriptions données par ces auteurs peuvent être considérées comme une reproduction incomplète de l'article de M. Leblanc.

Maison rustique du XIXe *siècle*, 1844, tome II, liv. III. *De la castration du taureau*; par M. Renault. — « On ne châtre guère les taureaux avant l'âge de deux ans à deux ans et demi, quelquefois même plus tard. Après avoir fait monter et descendre les testicules pour détruire les adhérences qui pourraient exister, on fait basculer l'un de ces organes de manière à rendre le grand axe de cet organe parallèle à la longueur du cordon, c'est le premier temps ; pour le deuxième, on manœuvre de manière à faire tourner deux ou trois fois le testicule autour de l'espèce de pivot que représente le cordon. »

« Les accidents qui suivent la castration sont très-rares et jamais funestes. »

Festal (Philippe), secrétaire-général de la Société vétérinaire de Libourne : *Journal des vétérinaires du Midi*, tome VIII, page 5. — Le bistournage ne se pratique guère que sur les animaux qui ont les testicules et les cordons longs ; l'âge le plus convenable est de quinze à dix-huit mois ; l'époque : le printemps ou l'automne. Il indique une bonne méthode pour fixer les animaux.

La description du manuel opératoire laisse un peu à désirer, surtout lorsqu'il indique la manière de s'y prendre pour faire tourner le testicule autour du cordon. S'il manque de clarté sur ce point, nous avons à le louer d'avoir indiqué une manipulation très-importante à nos yeux, celle qui a pour but de faire remonter le testicule, dès qu'il est culbuté, vers la région de l'aine ; l'oubli de cette précaution doit être souvent la cause des nombreuses difficultés que rencontre l'opérateur.

En résumé, notre honorable confrère est très-familiarisé avec ce procédé opératoire, et si sa description manque de détails, nous devons en accuser plutôt l'absence des difficultés qu'a pour lui la pratique du bistournage que la possibilité où il était de les fournir.

Comme accidents du bistournage, l'auteur cite la persistance de l'engorgement des bourses, l'hydrocèle, le sarcocèle et l'imperfection de l'opération qui fait dire que le taureau est manqué.

Il insiste peu sur ces divers accidents ; il décrit néanmoins avec détail la castration à l'aiguille des taureaux qui ont été manqués.

Les considérations physiologiques auxquelles il se livre sur le bistournage ont pour but de démontrer que cette opération enlève à l'animal la faculté de se reproduire ; mais que l'action des testicules ne s'en démontre pas moins sur l'économie en laissant au sujet plus de force, plus d'énergie que si on le châtrait par l'ablation de ces organes.

Les testicules continuent, dit-il, à entretenir avec l'économie des relations que je ne sais comment appeler, mais qui fournissent encore une certaine dose de stimulus interne, sans lequel la force et la vigueur sont impossibles.

Comme conséquences, il faut laisser au bœuf travailleur, après le bistournage, des testicules aussi volumineux que possible, à la condition toutefois que l'opération ne soit pas manquée; il doit en être tout autrement pour le taureau destiné à la boucherie, qui doit acquérir de l'aptitude à l'engraissement

M. Miquel : *Journal des vétérinaires du Midi*, 1re série, tome IX, page 16, reconnaît que le bistournage est le mode de castration par excellence. Il est regrettable qu'on ne puisse l'appliquer au cheval aussi bien qu'au taureau.

M. Goux, secrétaire de la Société vétérinaire d'Agen : *Journal des vétérinaires du Midi*, 2e série, tome II, page 168. *Du bistournage du cheval.* — « La grande différence qui existe entre le bistournage du taureau et la même opération chez le poulain, c'est que chez celui-ci il faut d'abord rompre, par des manipulations très-violentes et très-pénibles, non pas les adhérences qui unissent le testicule aux enveloppes dans lesquelles il flotte, mais les adhérences qui existent entre le testicule et l'épididyme. »

C'est là une erreur que M. Goux partage en compagnie de beaucoup de ses confrères. Nous ne craindrons même pas d'avouer que nous serions peut-être encore de de cet avis sans le hasard qui nous permit, à M. Lafosse et à moi, de vérifier s'il était vrai, comme on le croyait jusqu'à nos jours, que, lors du bistournage, le testicule basculait dans l'intérieur de la tunique érythroïde et que, par conséquent, le muscle ilio-testiculaire était laissé intact.

Nous croyons donc utile de narrer le fait qui a servi à nous faire connaître la vérité.

En 1851, un poulain, âgé de deux ans, fut bistourné par un empirique ayant, sur ce point, une grande réputation. Pendant l'opération, l'animal se fractura le fémur. Conduit à notre Ecole, M. le professeur de clinique déclara l'animal incurable. L'autopsie, faite par M. Lafosse, et à laquelle j'assistais, nous permit d'étudier avec soin l'état des testicules : le testicule gauche, perpendiculaire à son cordon, est renfermé dans sa tunique érythroïde ; celle-ci est séparée entièrement du dartos ; le cordon testiculaire, y compris le muscle ilio-testiculaire, offre huit à dix tours ; les fibres musculaires du crémaster, celles de la tunique érythroïde sont fortement tiraillées ; le cordon testiculaire est aussi très-allongé. Ayant examiné les rapports du testicule et de l'épididyme, nous ne les trouvâmes nullement changés, si ce n'est que ces organes, au lieu d'être superposés, étaient parallèles.

Cette observation prouve d'une manière bien positive, que, dans le bistournage, le testicule ne bascule pas dans la gaîne erythroïde, mais bien avec cette membrane ; en sorte que lorsque le testicule est placé parallèlement au cordon, la tunique erythroïde est en contact immédiat avec le muscle crémaster.

Depuis lors, nous avons eu plusieurs fois occasion de faire l'autopsie de chevaux récemment bistournés, et toujours nous avons trouvé les mêmes dispositions organiques.

Nous nous sommes assuré qu'il en était de même chez les ruminants après le bistournage, à l'exception des tiraillements des fibres de l'ilio-testiculaire et de son expansion membraneuse.

M. Goux, après avoir passé en revue les difficultés que présente le bistournage chez les solipèdes, les nombreux accidents qui peuvent en résulter, dit : « Autant le bis- » tournage est avantageux chez le taureau, autant il l'est » peu chez le cheval.

» Autant nous l'approuvons chez le premier, autant » nous le repoussons chez le second. »

Dictionnaire de médecine vétérinaire de l'Ecole de Lyon, 1850, article *bistournage.*

Dictionnaire lexicographique et descriptif des sciences médicales et vétérinaires, article *bistournage.*

Les détails donnés par les auteurs de ces deux dictionnaires sont aussi étendus que peuvent le permettre les limites imposées par la nature de ces ouvrages.

Lorsqu'ils envisagent la question au point de vue physiologique, les auteurs sont loin d'être d'accord.

Dans le *Dictionnaire de Lyon*, on lit : « Sous le rap- » port physiologique, cette méthode (le bistournage) a » l'avantage de ne pas amener la mortification complète » des testicules, qui jouissent encore de leur vie végéta- » tive. Châtré de la sorte, le bœuf conserve de belles » formes et une puissance plus grande pour le travail ; » ces avantages n'existent plus pour l'animal destiné à la » consommation. »

Dans le *Dictionnaire de Paris*, on trouve la phrase suivante : « On croit que le bœuf bistourné a des formes » musculaires mieux accusées et plus de force pour le » travail, parce que le testicule exercerait encore une

» certaine influence sur la vie végétative : c'est une er-
» reur ; le testicule atrophié par le bistournage ne con-
» serve plus rien de son organisation et de ses propriétés
» primitives. »

Tels sont, d'après les moyens de recherches dont nous pouvons disposer, les travaux qui ont été produits sur la question qui nous occupe.

Il en résulte que, jusqu'à Olivier de Serres, nous ne trouvons, dans les auteurs qui se sont occupés de médecine ou d'agriculture, rien qui nous indique que le bistournage était connu avant l'époque où vivait ce savant agriculteur ; à moins qu'on ne veuille considérer comme synonyme de bistournage les mots froissé, foulé dont se sert Moïse.

Qu'Olivier de Serres est le premier qui a noté que les bœufs bistournés avaient plus de force que ceux châtrés par l'ablation des testicules ;

Que M. Leblanc est le premier qui ait donné une description assez exacte du manuel opératoire ;

Qu'au point de vue hygiénique, rien n'a été fait ;

Que le manuel opératoire laisse à désirer ;

Que, jusqu'à ce jour, on n'a eu, sur les modifications imprimées aux organes manipulés pour pratiquer le bistournage, que des idées vagues et fausses ;

Que les accidents du bistournage ont été décrits trop succinctement.

Nous avons fait beaucoup d'expériences, nous avons recueilli bon nombre d'observations pour tâcher de combler quelques-unes des lacunes que laisse cette vaste question ; puissions-nous ne pas nous écarter trop de notre but.

Le bistournage doit-il être employé chez tous les animaux?

Cette opération ne se fait pas avec la même facilité chez tous les animaux; ce qui tient à la disposition du testicule et de son cordon : chez les mâles, autres que les ruminants, le testicule est situé presque horizontalement par rapport au cordon testiculaire; sa forme est presque mi-*sphérique*; le cordon testiculaire lui-même est très-court. De telles dispositions anatomiques rendent les manipulations nécessaires pour le bistournage très-pénibles et très-difficiles chez eux. En effet, il faut tout d'abord rendre le testicule perpendiculaire à son cordon, et on n'y parvient qu'en tiraillant la gaine érythroïde, allongeant ses fibres et celles du muscle crémaster, et non, comme on l'a dit, en séparant la queue de l'épididyme d'avec le testicule. Les rapports de ces deux organes ne changent pas; ainsi après l'opération on rencontre encore les mêmes adhérences entre l'épididyme et la partie supérieure du testicule; le frein qui unit sa tunique érythroïde à la queue de l'épididyme n'est pas non plus rompu. Il n'y a donc que la position de changée. Le testicule au lieu d'être horizontal est perpendiculaire; il a acquis, en un mot, la direction du testicule des ruminants.

De semblables manipulations, résulte inévitablement un cortége inflammatoire très-intense, d'où de nombreux accidents, et puis la forme ordinaire du testicule ne se prête guère à garder la position parallèle au cordon qu'on lui donne. Un déplacement se produit fréquemment, et le testicule, en reprenant sa position, détermine la détorsion du cordon : l'opération est alors manquée.

Chez les ruminants, la forme des organes à manipuler se prête, on ne peut plus, à l'opération : le testicule de ces animaux est allongé et placé perpendiculairement au cordon; celui-ci est long. Toutes ces dispositions rendent l'opération très-facile.

Ainsi, comme première conclusion, le bistournage doit être usité pour les ruminants et proscrit pour les autres animaux.

Ce premier point établi, *mettons en parallèle le bistournage du taureau avec les autres méthodes de castration;* et, d'abord, toutes celles qui consistent à enlever les testicules, réclament un grand appareil : il faut abattre les animaux, produire une plaie, placer des casseaux ou des ligatures, ou bien cautériser, toutes choses qui, si elles n'ont pas l'inconvénient d'être longues à exécuter, sont quelquefois suivies d'hémorragies mortelles, de péritonite, de gangrène, de tétanos, de phlébite du cordon testiculaire. De tels accidents se montrent-ils par le premier procédé? Nous pouvons certifier le contraire, car, sur plus de 20,000 animaux que nous avons bistournés, nous n'avons, à part quelques cas de phlébite, de non réussite de l'opération et de la suppuration du testicule, jamais constaté aucun de ces accidents, et nous n'avons eu à déplorer la perte d'un seul opéré. Or, je le demande, peut-on, par les autres procédés, se promettre un tel résultat?

Quant au temps que réclame l'opération, il est en général de cinq à dix minutes pour les taureaux, d'une minute pour les béliers. L'appareil est des plus simples : quelques brins de fil ou de laine et les instruments naturels; aides moins nombreux ayant plutôt besoin de force que d'intelligence.

Il n'y a donc pas, pour tout homme non prévenu, à hésiter un seul instant pour le choix du mode opératoire ; le bistournage ne réunit-il pas tous les avantages des autres procédés, sans en avoir les inconvénients? Le seul reproche qu'on peut lui adresser, c'est d'être quelquefois en défaut ; mais hâtons-nous d'ajouter que si les animaux sont manqués, c'est plutôt la faute de l'opérateur que du procédé. En parlant des difficultés du bistournage, nous aurons occasion de revenir sur ce point et d'indiquer les moyens propres à rendre les insuccès excessivement rares.

Resterait à mettre ce procédé en parallèle avec le martelage ; cette tâche ayant été mieux remplie que je ne saurais le faire par l'honorable M. Leblanc, *Journal de Médecine vétérinaire et comparée*, année 1826, page 234, je me dispenserai d'en parler ; notons, néanmoins, que nous avons essayé, et sans effet, le martelage sur plusieurs animaux : est-ce à dire que nous mettions en doute les résultats obtenus par M. Chanel et à l'Ecole de Lyon ; nous aimons mieux penser que nous n'avons pas suffisamment *martelé*, redoutant peut-être de produire sur la peau de trop fortes ecchymoses, la mortification de ce tissu, des abcès. (Nous regrettons de ne pas être fixé sur le nombre de coups à frapper et la force à imprimer à chacun d'eux.) Nous nous demandons s'il ne serait pas possible de trouver un moyen de mesurer l'intensité de chaque coup, la force de pression, en un mot, à exercer sur le cordon pour que l'opération fût complète.

Pour le bistournage, nous savons, en effet, que deux à trois tours imprimés au cordon, au moins chez le taureau, suffisent pour oblitérer les vaisseaux et être sûr (à moins d'accidents fort rares) que l'opération sera suivie du résultat qu'on se propose.

Ainsi, d'après nous, le bistournage est, pour les ruminants, le procédé de castration le plus simple, le plus expéditif et le plus sûr, et jusqu'à ce que l'expérience nous ait fait connaître une méthode plus avantageuse, nous ne discontinuerons pas à le mettre en pratique.

Ajoutons que si nous voulions employer un autre procédé, il nous serait difficile d'y parvenir : dans les contrées du sud-ouest de la France surtout, tant les propriétaires sont convaincus des immenses avantages qu'il offre ; ils croient même, bien à tort il est vrai, que les animaux bistournés ont plus de force, plus d'énergie que ceux qui ont été châtrés par l'ablation des testicules. Cette erreur, ils la partagent avec des vétérinaires très-recommandables. Nous aurons occasion de prouver, dans le cours de notre travail, combien peu est fondée cette opinion.

A quel âge doit-on bistourner?

C'est généralement à l'âge de quinze à dix-huit mois pour le taureau, dans la première année pour les animaux de l'espèce ovine ; pour le taureau, cette époque doit varier selon le but consécutif qu'on se propose. Ainsi, parmi les animaux de l'espèce bovine, les uns peuvent être destinés exclusivement à la boucherie, les autres au travail d'abord, puis livrés à la consommation.

Avant de nous prononcer, nous croyons donc utile d'indiquer exactement les modifications organiques qui surviennent chez les animaux qu'on prive tard des organes de la génération.

Nous étudierons ensuite celles qui se produisent lorsque les animaux sont bistournés dans les premiers mois de la naissance ; enfin, l'aptitude au travail, et à l'engraissement des uns et des autres.

Ces modifications étant bien connues et bien appréciées, nous pourrons nous prononcer avec toute assurance.

Nous diviserons la vie de l'individu en trois phases ou périodes : la première correspondra à l'*accroissement ;* la deuxième, au *dressage* et au *travail ;* la troisième, à l'*engraissement.*

Prenons pour type l'espèce bovine.

PREMIÈRE PÉRIODE : *Accroissement.* — A l'époque de la naissance, les testicules sont généralement descendus au fond des bourses, ou bien ils y parviennent dans les premiers jours qui suivent la mise bas.

Durant le premier mois, rien dans l'économie, envisagée d'une manière générale, ne décèle la présence des organes de la génération ; mais, après cette époque, le jeune animal exprime déjà des désirs amoureux ; il cherche à monter sur les animaux qui l'entourent, même sur sa mère, entre en érection, est plein de vivacité. L'apparition de ces phénomènes d'excitation générale, dus bien certainement à la présence des testicules, est susceptible de varier avec les conditions où se trouvent placés les animaux. Ainsi, chez les races qui se font remarquer par beaucoup de vigueur, d'énergie ; chez les bœufs de montagne (de haut cru), provenant d'animaux à tempérament sanguin, ils se montrent plus tôt, mais jamais, d'après nos observations, avant l'âge d'un mois.

Il en est de même pour les veaux bien nourris, et surtout ceux qui tettent à plusieurs vaches. C'est l'inverse pour les produits privés du lait de leur mère et mal entretenus, ou bien descendant de races à tempérament lymphatique ; les animaux de plaine en un mot.

Ces modifications, qu'on pourrait appeler immatérielles, toutes vitales, sont suivies, dès le deuxième mois, de modifications organiques assez sensibles. Ainsi, l'on voit le train antérieur prendre du développement; les épaules, l'encolure se chargent de tissu cellulaire; les cornes sortent, la tête prend du volume, la vie semble se concentrer vers ces régions et fuir le train postérieur. Le développement de celui-ci est loin d'égaler l'accroissement de celui-là. Les cuisses s'aplatissent, la croupe s'amincit et s'effile, les reins et les lombes perdent de leur ampleur ou ne s'accroissent pas proportionnellement au devant; il existe alors une espèce de balancement régional, et tout à l'avantage des parties antérieures. L'on peut dire que l'une gagne ce que l'autre perd.

Ces modifications, déjà sensibles à cet âge, se prononcent de plus en plus, et à six mois elles sont visibles pour tous; les yeux les moins exercés à comparer les régions extérieures saisissent aisément ce défaut de proportion.

De six mois à un an, les cornes se détachent vigoureuses et fortes, surtout à leur base; la nuque, le front, sont bien développés, et celui-ci souvent garni de poils longs et rudes; le mufle est large, les naseaux sont dilatés, le regard est fier et l'énergie musculaire très-prononcée.

A l'étable, les bouvillons sont turbulents, inquiets; lorsqu'ils sortent ils ne vont que par sauts et par bonds. Ils se plaisent dans les luttes et attaquent hardiment les animaux de leur espèce qu'ils rencontrent; ils suivent les vaches avec une persévérance incroyable et se livrent à des mouvements désordonnés, impétueux pour les couvrir; lorsqu'ils ne peuvent y parvenir, ils frottent leur verge contre la poitrine et éjaculent : ces conditions qui, au premier abord, paraissent nuisibles, sont cependant suivies d'un résultat très-important : sous l'influence de la grande excitation qui les domine, des pertes qu'ils effectuent par l'action musculaire et la suractivité des glandes testiculaires, la circulation, la respiration acquièrent une grande énergie, d'où augmentation de volume des organes qui remplissent ces fonctions; tels que cavités nasales, larynx, trachée, cœur, poumons, cavité thoracique. Aussi trouvons-nous en eux un vaste foyer d'hématose pour donner au sang la richesse dont il a besoin pour réparer les dépenses continues que fait l'économie, et un cœur imprimant une vigoureuse impulsion à l'ondée sanguine : membrure forte, articulations larges, formes anguleuses, force musculaire portée à son summum d'intensité; toutes conditions qui assurent à l'animal une bonne conformation pour le travail et une grande aptitude à le supporter; car n'oublions pas que les organes digestifs ont, de leur côté, augmenté leur action pour fournir les éléments réparateurs du sang; aussi ces animaux sont-ils bons mangeurs, peu recherchés dans le choix des aliments, et digèrent très-bien.

Après le bistournage, d'autres modifications organiques se produisent, les parties antérieures se dépouillent de la surabondance du tissu cellulaire, l'encolure devient mince, la tête plus sèche, le regard perd son expression vive, le train postérieur acquiert de l'ampleur, mais ce qui ne diminue pas, c'est la grosseur de la base des cornes, la grandeur du tuyau respiratoire, du poumon et de la cavité qui le renferme; le volume, la force du cœur.

Notons bien ces conditions obtenues, nous en déduirons plus tard des conséquences.

C'est le moment de voir ce qui se passe dans l'économie animale, lorsque le bistournage est pratiqué quelque temps après la naissance, et de faire un rapprochement entre la conformation que nous allons voir se produire et celle que nous avons *décrite*.

Cette opération est faisable dès que les animaux ont un mois ou un mois et demi; nous l'avons même souvent pratiquée à l'âge de quinze à vingt jours; mais, à cette époque, l'opération est plus délicate, plus difficile. Admettons que c'est à un mois qu'elle est pratiquée.

Nous savons qu'à cet âge rien, dans l'individu, ne décèle la présence des organes de la génération. Aussi, ne verrons-nous pas survenir les modifications que nous avons signalées; chez eux, pas de turbulence, pas de mouvements impétueux; ils suivent tranquillement leur mère dans les pacages; lorsqu'ils sautent, ils décèlent peu d'énergie musculaire. Le développement est uniforme : le derrière se fournit, la cuisse est tombante, les reins, les lombes sont développés, la croupe est arrondie, la sortie des cornes est retardée, la tête est moins volumineuse, le regard est doux. Cette différence de conformation entre les animaux châtrés et ceux qui ne le sont pas, déjà bien évidente à l'âge de deux mois, s'accuse entièrement du deuxième au quatrième; de telle sorte qu'à cette époque, il est très-facile de juger, à la simple inspection de l'habitude extérieure, de l'intégrité des organes de la génération.

A un an, ces différences sont bien plus sensibles; ce sont les suivantes : formes arrondies, tête allongée, peu volumineuse; mufle étroit, naseaux resserrés, cornes plus minces, moins fortes à leur base; absence de poils longs et rudes à la région frontale, larynx et trachée moins volumineux, encolure mince, poitrine moins étendue, train postérieur plus développé, membrure grêle, énergie musculaire moins prononcée. Ces animaux sont sobres, délicats pour les aliments. L'impulsion de cette modification organique se continue avec l'âge.

Nous n'avons pas borné nos observations au simple examen de l'extérieur de l'animal; nous avons apprécié l'état des organes intérieurs et celui du système musculaire, et avons constaté que, chez les taureaux, les masses cérébrales sont plus développées, le cœur plus gros, son tissu plus ferme, le poumon plus volumineux, la fibre musculaire plus serrée; les muscles de la région postérieure du corps sont beaucoup plus développés chez les animaux châtrés jeunes; chez eux aussi, la viande est plus fine, plus délicate.

Telles sont les différences observées durant la première période de la *vie*, *l'accroissement*.

Deuxième période : *Dressage, Travail.* — Les animaux châtrés jeunes sont plus faciles à *dresser.* Ils courbent leur tête au joug sans contrainte; ils obéissent à la voix de leur conducteur; un seul homme suffit à leur éducation, qui réclame peu de temps et n'offre aucun danger.

Pour ceux qui sont bistournés tard, on rencontre plus de difficulté : il faut d'abord les joindre avec un bœuf qui, par sa force, puisse s'opposer à leurs élans impétueux; et ce n'est le plus souvent que lorsqu'ils sont ainsi dressés isolément qu'on peut atteler les deux jeunes animaux ensemble; faut-il encore se servir pendant quelques jours du cordeau pour les conduire, et avoir même un aide.

Quant à l'éducation, l'avantage est donc pour les animaux châtrés jeunes.

Il est loin d'en être de même pour le travail : les uns (ceux bistournés à dix-huit mois) sont robustes, très-forts, résistent à la fatigue, se nourrissent bien et se maintiennent toujours dans un état d'embonpoint satisfaisant, s'accommodent de tout aliment ; les autres sont affaissés par le travail, ont moins de force, maigrissent, s'usent vite, sont difficiles pour leur nourriture, et sont plus maladifs. Si des premiers on obtient aisément huit à neuf heures de travail par jour, les autres en fourniront difficilement cinq à six. Ceux-là traîneront sans paraître fatigués, durant trois à quatre heures, un poids de 40 à 50 quintaux ; ceux-ci pourront à peine en faire suivre, durant le même temps, de 30 à 35. Ces différences se dessinent surtout fort bien durant les fortes chaleurs de l'été. Inutile de dire que nous parlons d'animaux ayant le même âge, à peu près la même taille, le même volume du *corps*, et soumis au même régime.

Troisième période : *Engraissement.* — Chez les animaux châtrés jeunes, la graisse s'accumule avec rapidité, tant à l'extérieur qu'à l'intérieur ; et la ration de production donne chez eux un résultat vraiment remarquable. Citons des faits à l'appui :

Quatre bœufs de race gasconne, âgés de quatre ans, d'un poids à peu près égal, dont deux châtrés à l'âge de un mois et demi, et deux à dix-huit mois, furent soumis à l'engraissement. Durant trois mois, ils mangèrent la même ration, qui consista en fourrages secs, son, fèves, maïs, pommes de terre, tourteaux de lin.

Après ce délai, ils furent vendus le même jour et au même boucher ; les uns, ceux bistournés à l'âge de un mois et demi, 650 fr ; les autres, 525 fr. ; et l'acquéreur nous dit plus tard qu'il avait plus gagné sur ceux qui lui coûtaient 650 fr. que sur les autres, attendu qu'ils avaient donné (toute proportion gardée quant au prix) plus de rendement, soit en suif, soit en viande, et la viande était de meilleure qualité.

Nous regrettons beaucoup de n'avoir pu constater le poids différentiel qu'offrirent ces animaux, tant sous le rapport des issues que de la viande nette.

Les diverses modifications organiques que nous venons de faire connaître sont le fruit d'expériences nombreuses que nous avons faites et suivies nous-même avec le plus grand soin.

Dans leur appréciation, nous avons été dégagé de toute idée préconçue, et avons tenu un compte exact des conditions où se trouvaient placés nos sujets d'observations, tant sous le rapport des qualités qu'ils pouvaient tenir de leurs ascendants que des conditions climatériques et alimentaires.

Ainsi, pour éviter, autant que possible, toute cause d'erreur, nous avons toujours pris nos sujets d'expériences dans la même étable, et des animaux ayant la même généalogie et venant de mères de même âge, donnant à peu près la même quantité et qualité de lait, et soumises aux mêmes conditions hygiéniques......

Il nous sera maintenant facile de nous prononcer sur l'âge le plus convenable pour pratiquer le BISTOURNAGE.

A cette question : Que nous faut-il pour des bœufs de travail ? nous répondrons : Des animaux ayant des jambes fortes, des muscles énergiques ; une respiration grande pour fournir un vaste foyer d'hématose ; un cœur énergique pour lancer un sang fait riche par l'activité de la digestion ; un solide et large point d'appui au joug (ou au collier dans les contrées où l'on attèle ainsi les animaux) ; une grande résistance à la fatigue : toutes conditions que nous obtenons en châtrant les animaux à l'âge de dix-huit à vingt mois.

Pour ceux d'engrais, nous devons conserver ou faire

naître en eux la douceur, la tranquillité, et faire développer les régions où la viande est la plus abondante et la meilleure. Or, l'expérience ne nous a-t-elle pas appris que la castration pratiquée dès le jeune âge concourait à ce résultat ?

Nous établissons donc comme conclusion, qu'en thèse générale, pour obtenir des bœufs de travail, une des conditions est de châtrer les taureaux à l'âge de 18 à 20 mois.

Pour les animaux qu'on destine à l'engraissement, il faut les châtrer à l'âge d'un mois environ.

Cette manière d'agir a fait ses preuves. Nous pourrions citer bon nombre d'éleveurs qui n'ont qu'à se louer de faire châtrer à cet âge les jeunes veaux, soit qu'ils veuillent les livrer à l'âge de deux ou trois mois à la boucherie, ou plus tard.

Ainsi, les bouchers accordent une grande préférence aux veaux châtrés, qui ont en outre acquis, par cette opération, une plus-value de 15 à 18 fr., et cela à l'âge de deux à trois mois.

Les bœufs bistournés ont-ils plus de force, plus d'énergie que ceux châtrés par excision des testicules ?

Cette question a été diversement interprétée. Dès le XVIe siècle, Olivier de Serres disait que les bœufs bistournés avaient plus d'énergie, plus de force que si on les eût châtrés. L'opinion de ce célèbre agronome s'est perpétuée jusqu'à ce jour ; on conçoit que ce préjugé se soit maintenu dans une certaine classe d'agriculteurs, celle qui adopte une opinion sans examen ; mais que des vétérinaires l'aient soutenue, l'aient propagée, voilà ce qui étonne.

Autant vaudrait conserver l'opinion de Columelle, reproduite dans la *Maison Rustique*, où il est dit : « On coupe les testicules de façon qu'on en laisse l'extrémité par laquelle ils tiennent à ces nerfs; en suivant cette méthode, le bouvillon n'est point si efféminé qu'il le serait si on le privait de toute masculinité. »

De nos jours, on a fait justice de ces idées qui n'ont aucun fondement; et si les bœufs bistournés ont réellement plus de force que ceux qui ont été châtrés, ils le doivent, non à l'action d'organes dont la fonction est entièrement détruite, mais bien au développement d'une conformation particulière, acquise sous l'influence des organes générateurs alors qu'ils étaient dans toute leur intégrité.

Ainsi, si l'on admet que l'opération est pratiquée au même âge, et chez des individus se trouvant dans les mêmes conditions, il n'existe pas la moindre différence.

De nombreux faits viennent attester ce que nous avançons. Nous avons châtré quelquefois, soit pour comparer les deux méthodes de castration, soit que nous y fussions forcé par l'impossibilité où nous nous trouvions de pratiquer le bistournage, par excision des testicules, des taureaux âgés de dix-huit à vingt mois; ces animaux ont été appareillés avec des bœufs bistournés, et nous avons constaté qu'ils n'étaient ni plus faibles ni moins courageux; rien, en dehors de l'examen de la région des bourses, ne pouvait faire distinguer les bœufs bistournés de ceux qui étaient opérés par *excision*. Voilà des faits dont on peut aisément se rendre témoins.

L'on pourra aussi facilement s'assurer que ce ne sont pas toujours les bœufs paraissant avoir les testicules les moins atrophiés qui sont les meilleurs travailleurs. Ce ne sont pas non plus ceux qui semblent avoir ces glandes (les testicules) les plus atrophiées qui s'engraissent le mieux.

Il n'est donc pas exact de dire qu'en pratiquant le bistournage, il est au pouvoir de l'opérateur de donner à l'animal plus d'aptitude au travail ou à l'engraissement; et cela, en faisant faire au cordon testiculaire un plus ou moins grand nombre de tours.

Nous ne saurions nous élever avec trop de force contre une telle manière de voir, qui a le grave inconvénient de laisser les éleveurs dans une fausse sécurité.

Pour nous, il n'y a pas, dans cette opération, de modifications graduelles possibles; le bistournage est ou non réussi. S'il est réussi, les organes sexuels sont attrophiés, leur texture est entièrement modifiée (nous signalerons plus loin ces modifications) : leur fonction est annihilée; il ne peut donc pas y avoir production d'un stimulus interne d'où dépendrait la force, l'énergie. Non! il n'en est pas ainsi; et nous dirons à ceux qui soutiendraient encore le contraire :. Examinez avec soin et sans idée préconçue, suivez dans leurs travaux les bœufs bistournés, prenez d'exacts renseignements, et vous aurez occasion de vous convaincre que ce ne sont pas toujours les bœufs paraissant avoir les testicules le moins atrophiés qui ont le plus de force et de vigueur.

Nous n'ignorons pas que, parfois, l'un ou les deux testicules conservant un très-gros volume, les animaux sont fiers, vigoureux, sautent sur les individus de leur espèce; saillissent les vaches (dans nos contrées, ils sont désignés sous le nom de *rangouils*, c'est-à-dire mal bistournés), les fécondent rarement; ils sont difficiles à gouverner, sinon méchants, d'un engraissement lent et incomplet, et peu estimés par les propriétaires.

Pour eux, il serait exact de dire qu'il y a production d'un stimulus interne pouvant expliquer leur force, leur énergie; mais, chez eux aussi, la fonction de la génération n'est pas détruite : le testicule a seulement changé de position, il a été culbuté; mais la torsion du cordon n'a pas été opérée, la texture intime de l'organe n'est pas modifiée; le testicule continue à sécréter du sperme.

Pour ceux des ruminants non utilisés pour le travail, il importe de pratiquer le bistournage à l'époque la plus rapprochée possible de la naissance.

En agissant ainsi, on obtient une viande d'une qualité supérieure; chez les moutons, une laine fine, tassée; sous l'influence de la castration, les cornes acquièrent peu de développement.

Pour si grands que soient ces avantages, des circonstances particulières peuvent néanmoins faire retarder cette opération : ainsi, lorsqu'un troupeau est placé dans des conditions très-propres à produire la cachexie aqueuse, il est important de pratiquer le bistournage un peu tard, c'est-à-dire après la première tonte, ou quelque temps avant cette opération. En agissant de la sorte, on est sûr que les moutons résisteront beaucoup plus à l'action des causes sous l'influence desquelles ils se trouvent placés que si on les eût bistournés dans le premier mois de leur naissance.

En évitant ou diminuant les pertes occasionnées par l'apparition de la maladie, on est amplement dédommagé de la plus-value qu'ont la viande et la laine des animaux bistournés jeunes. Nous poursuivons une série d'expériences pour déterminer, d'une manière précise, les modifications que subit la laine sous l'influence de la castration. — Lorsque nos observations seront assez nombreuses, et nous paraîtront concluantes, nous les ferons connaître.

DEUXIÈME PARTIE. — MANUEL OPÉRATOIRE.

SOMMAIRE.

Aperçu sur quelques points anatomiques de la région testiculaire des ruminants. — Epoques les plus convenables pour pratiquer le bistournage. — Préparation du sujet. — Aides, appareil. — Méthodes employées pour fixer les animaux; leurs avantages et leurs inconvénients. — Conditions relatives au sujet et dispositions organiques rendant le bistournage facile. — Division de l'opération en quatre temps; description de chacun d'eux. — Circonstances qui obligent de modifier le manuel opératoire. — Symptômes qu'offrent les animaux et modifications que subissent les organes de la génération après le bistournage.

Aperçu sur quelques points anatomiques de la région testiculaire des ruminants. — Les enveloppes sont généralement grandes, le cordon est long, le testicule a une forme ovoïde, son grand axe est perpendiculaire; l'épididyme, peu développé, est parallèle au grand axe du testicule, auquel il est fixé par un repli très-étroit de la séreuse péritonéale; la membrane séreuse ou péritonéale est unie, d'un côté, à la tunique albuginée, et de l'autre à la tunique fibreuse qui adhère par sa face interne à la séreuse, et par l'externe à l'érythroïde; celle-ci constitue une espèce de bourse ayant la forme du testicule, et dans laquelle cette glande est libre, mais où elle ne peut néanmoins exécuter que de très-petits mouvements; de sorte qu'il est impossible, à moins de déchirures très-considérables, de faire basculer cet organe (le testicule) dans l'intérieur de l'expansion membraneuse formée par le muscle ilio-testiculaire.

La tunique érythroïde adhère, par sa face superficielle, au dartos, au moyen d'un tissu cellulaire lâche, facile à déchirer; le scrotum et le dartos sont unis par un tissu cellulaire fin et très-serré; le scrotum forme de nombreux petits plis qui s'effacent lorsque les testicules descendent au fond des bourses.

Il résulte des détails anatomiques que nous venons de signaler que, chez les ruminants, les organes de la génération sont on ne peut mieux disposés pour pratiquer aisément le bistournage et assurer le succès de cette opération; que, des membranes testiculaires, le dartos et la tunique érythroïde sont celles pouvant le plus facilement se séparer, et c'est, en effet, ce qui arrive dans le premier temps de l'opération.

Epoques les plus convenables pour pratiquer le bistournage. — Ces époques sont, comme pour toutes les opérations d'élection, le printemps et l'automne. Sous l'influence d'une douce température, les phénomènes inflammatoires sont moins prononcés, et ceux qui se produisent disparaissent plus facilement. Il est vrai que, pour le bistournage, nous n'avons pas à redouter, comme pour les opérations sanglantes, les fâcheux effets, tels que prompte suppression de la suppuration, gangrène, etc., des extrêmes températures. On peut donc, sans de grandes craintes, bistourner en toute saison, surtout si l'on pratique cette opération sur les veaux.

Si, dans ce cas, nous ne reconnaissons pas aux saisons une influence fâcheuse, il n'en est pas de même de l'action de quelques météores, tels que l'existence de certains vents. L'expérience journalière nous a appris que le vent du sud produit sur les animaux bistournés une inflammation très-considérable, et presque toujours des phénomènes fébriles très-manifestes. Si nous ne tenons donc pas toujours compte des saisons pour pratiquer le bistournage, il n'en est pas de même du souffle des vents, et ce n'est que lorsque nous ne pouvons pas nous en dispenser que nous bistournons lorsque règne le vent du midi.

La pernicieuse influence des constitutions atmosphériques chaudes et humides, plus rarement froides et humides, que détermine le vent du sud, a été suffisamment indiquée dans des ouvrages *ex professo* pour que nous jugions utile d'expliquer ici leur manière d'agir.

Est-ce seulement parce qu'au printemps la température est douce et qu'une excitation générale favorisant le libre exercice de toutes les fonctions, les phénomènes morbides acquièrent moins d'intensité, et leur résolution est mieux assurée et plus rapide, qu'on choisit cette époque pour l'opération? Tout en reconnaissant l'heureuse influence de telles conditions, nous pensons que souvent on est guidé par d'autres motifs.

Ce n'est pas toujours dès les premiers jours du printemps, alors que sa douce chaleur échauffe et excite, qu'on pratique le bistournage, mais bien lorsque la vigueur de la végétation a fourni aux animaux une alimentation suffisante pour faire cesser, chez beaucoup d'entre eux, l'état de maigreur où les avait laissés l'hiver.

On a donc un double but en choisissant cette époque: refaire les animaux qui, durant la saison des frimas, ont eu beaucoup à souffrir de la pénurie des aliments et profiter de la favorable stimulation que donne le printemps.

Y a-t-il des inconvénients à bistourner des animaux maigres? L'opération est plus facile; mais nous avons constaté qu'alors la mue était retardée, l'embonpoint long à se produire, la région opérée souvent le siége d'une infiltration séreuse très-considérable, dont la résolution se faisait difficilement et parfois incomplètement. Il y a donc avantage à ajourner, chez les sujets maigres, l'opération jusqu'au moment où ils seront un peu remis.

La saison de l'automne est favorable aussi par sa température moyenne, et puis, à cette époque, les taureaux destinés au travail ont généralement acquis l'âge où ils doivent être opérés.

En résumé : rien de fixe pour les animaux destinés exclusivement à la boucherie, puisqu'ils doivent être bistournés peu de temps après la naissance.

Pour les bœufs de travail, on peut les bistourner en toute saison ; mais on fera bien cependant, vu les motifs que nous avons donnés, de choisir le printemps et l'automne.

Préparation du sujet. — Le bistournage provoquant rarement la fièvre de réaction, il est inutile de préparer les animaux à l'opération ; il est néanmoins prudent que le jour du bistournage les animaux soient à jeun, surtout s'ils ont atteint leur dix-huitième mois et si leur conformation fait pressentir que les manipulations seront longues et pénibles.

Dans beaucoup de contrées, les propriétaires ont pour habitude de bien faire manger les animaux le jour de l'opération ; l'oubli de cette précaution rend à jamais, disent-ils, les bœufs efflanqués, et puis ils résistent mieux à la fièvre.

Signaler ces préjugés, c'est indiquer assez l'absurde d'une telle méthode, malheureusement maintenue et propagée par la plupart des empiriques, et dont le moindre des inconvénients peut être une indigestion.

Lorsque nous disons qu'il importe généralement peu de préparer les animaux au bistournage, nous entendons parler de l'inutilité de les soumettre, plusieurs jours à l'avance, au régime d'un animal ayant à supporter une opération grave.

Aides, appareil. — Pour les veaux, un seul aide suffit; pour les taureaux, il en faut au moins deux. Pour tout appareil, deux bons lacs pour fixer les animaux au besoin; un lien d'un mètre environ de longueur et ayant assez de résistance pour ne pas céder aux tractions exercées sur lui. Ce lien doit être fait avec des fils de lin, chanvre ou mieux de laine; ce dernier a l'avantage de ne jamais scier les bourses pour si fort qu'on les comprime.

Ces objets, on les trouve dans toutes les fermes.

Méthodes employées pour fixer les animaux. — Il importe beaucoup de ne pas changer le veau ou le taureau de place, il ne faut en venir là que lorsqu'il est dans un lieu tellement étroit qu'il est impossible d'opérer, ou bien qu'étant dans la nécessité de fixer solidement la tête, il n'y a, dans la place qu'il occupe, rien de convenable pour cela; nous avons observé que toujours, lorsqu'on déplace les animaux, ils se tourmentent beaucoup; il ne faut pas non plus sortir ceux qui sont à côté d'eux, à moins qu'ils ne soient méchants; agir autrement, c'est tracasser inutilement les sujets et rendre l'opération longue et fatigante.

Pour les fixer, beaucoup de procédés sont mis en usage par les châtreurs; nous indiquerons les principaux: les uns, laissant à la tête assez de liberté pour pouvoir aller un peu à droite ou à gauche et en avant, l'attachent aux barreaux du râtelier au moyen d'un lacs embrassant la base des cornes; l'une des extrémités postérieures est maintenue fortement soulevée par un ou plusieurs aides au moyen d'une corde qui entoure le jarret et va prendre son point d'appui sur l'une des poutres qu'on trouve, dans presque toutes les étables.

Ce procédé est très-mauvais par le double motif que les cornes sont très-exposées à s'ébranler et à se fracturer en frappant contre les barreaux du râtelier, et que l'animal, se laissant tomber tout-à-coup, il peut se produire des tiraillements dans les muscles, dans les ligaments articulaires, des luxations, même des fractures; nous avons des exemples de ces divers accidents.

D'autres font tenir la tête par un aide vigoureux; la meilleure manière, d'après nous, de la saisir et de la maintenir, consiste à pincer vivement, avec les doigts d'une main, la cloison nasale, et de l'autre à tenir la corne, agissant de façon à courber la tête sur l'encolure, tout en la renversant. Ainsi, en supposant que l'aide se mette sur le côté gauche de l'encolure, il placera le genou droit sous la tête de l'animal, la main droite saisira la corne gauche et la poussera de gauche à droite et de haut en bas, la main gauche s'emparera du mufle et le dirigera de droite à gauche et de bas en haut.

Lorsque le taureau est fort, un aide seul ne peut saisir et maintenir la tête, et moins encore lorsqu'il est en même temps méchant. Ce moyen ne peut donc être utilement employé que pour des sujets dociles et peu vigoureux.

Un membre postérieur est porté et maintenu en avant au moyen d'un lacs qui, entourant le canon, passe entre les jambes antérieures, contourne l'encolure et forme, en se réunissant à lui-même, un espèce de collier; il en est qui fixent le lacs aux cornes. Cette méthode n'a pas les inconvénients de la première; il nous a semblé néanmoins que la compression exercée sur l'encolure par le lacs portait les animaux à se tourmenter.

Nous ne nous servons d'aucun de ces moyens. Notre procédé, employé, sans nul doute, par beaucoup de nos confrères, consiste, lorsque l'animal est méchant, à le fixer solidement par les cornes, soit au râtelier, soit à un poteau, s'il y en a à portée, et de telle sorte qu'il ne puisse se les fracturer en les frappant contre les corps environnants. Nous faisons maintenir ce lacs de manière à pouvoir laisser, dans le cas où l'animal viendrait à s'abattre, la tête rapidement libre.

Pour fixer le membre postérieur, on entoure d'abord au moyen d'un nœud coulant, existant au lacs disposé à cet effet, la partie inférieure de la jambe droite ou gauche, de manière à comprimer fortement la corde du bifémoro-calcanéen, puis on rapproche insensiblement le membre, où est placée la corde, de l'extrémité antérieure du même côté, et lorsque le pied est porté assez en avant pour que l'animal ne puisse y prendre un solide appui, on arrête, par une double clef, le lacs au-dessus du genou du membre correspondant.

L'aide auquel est confié le lacs, doit aussi tenir la queue de l'animal tirée de côté.

Ainsi fixés, les animaux se tourmentent peu, et les accidents sont, autant que possible, évités.

Nous n'avons recours à cette méthode que lorsque les animaux sont turbulents, méchants, etc.; dans les cas contraires, nous nous contentons de faire saisir la tête par un ou deux aides, et nous leur laissons les jambes libres.

Les animaux cherchant toujours à frapper avec le pied correspondant au testicule qu'on touche, l'opérateur est presque sûr de se garantir de ces accidents en se plaçant du côté opposé au testicule qu'il manipule.

L'animal qu'on opère se laisse plutôt tomber si les jambes sont assujetties que si elles sont libres ; il en est de même lorsqu'on cherche à le soutenir ; il faut donc bien se garder de l'appuyer. Dans tous les cas, il est utile de confier à un aide un aiguillon pour piquer l'animal au moment où il se coucherait ; car une fois qu'il s'est laissé tomber, il y revient à chaque douleur que lui fait éprouver l'opérateur, et l'on est souvent obligé d'avoir recours pour terminer le bistournage, à des appareils de soutien qu'on ne se procure pas aisément dans toutes les fermes.

Une fois l'animal fixé, et quelquefois avant, l'opérateur cherche à reconnaître si le bistournage sera facile.

On peut être assuré que l'opération se fera aisément, lorsque les animaux seront jeunes, qu'ils auront la robe claire, les jambes minces, la peau fine, les testicules allongés et d'un volume ordinaire, les bourses amples et souples.

Manuel opératoire. — Le manuel opératoire peut être divisé en quatre temps : *Dans le premier*, on déchire le tissu cellulaire unissant le dartos à la tunique érythroïde et on assouplit la peau des bourses ; *dans le deuxième*, on fait basculer les testicules ; *dans le troisième*, on opère la torsion des cordons ; *dans le quatrième*, on monte les testicules le plus près possible de l'anneau inguinal, et on fixe le lien autour des bourses pour empêcher les testicules de descendre et de se renverser.

Premier temps. — L'opérateur, placé derrière les jarrets de l'animal et fléchi sur ses genoux, saisit avec les deux mains les testicules et les entraîne rapidement au fond des bourses ; la main droite seule les tient dans cette position ; la main gauche prend la partie inférieure du scrotum et la tire fortement de haut en bas et légèrement d'avant en arrière; la main droite, portée à son tour au-dessus de la main gauche, embrasse les enveloppes et pousse les testicules de bas en haut, de manière à les faire remonter vers l'anneau inguinal.

Pendant que cette manipulation s'effectue, on entend un petit craquement, ou mieux l'on sent que quelque chose se rompt, et c'est, en effet, le tissu cellulaire, unissant le dartos à la tunique érythroïde, qui se déchire.

Ces adhérences rompues, la moindre impulsion donnée par la main fait monter et descendre facilement les testicules, et sans entraîner avec eux le scrotum. Si les adhérences ne sont pas bien détruites, les testicules en remontant, font suivre les bourses.

Inutile d'ajouter que cette union du dartos et de la tunique érythroïde est d'autant plus facile à détruire, que l'animal est plus jeune et le tissu cellulaire plus lâche. Ainsi une seule impulsion suffit souvent pour cela, tandis que d'autres fois on n'y parvient qu'après beaucoup de temps et de fatigue.

Il importe, pour la facilité des manipulations ultérieures, que ce premier temps de l'opération soit complet : d'où il résulte qu'il faut faire monter et descendre les testicules jusqu'à ce qu'ils exécutent ce mouvement sans le moindre obstacle.

Deuxième temps. — Les testicules étant remontés, la main gauche ramène le testicule gauche au fond des bourses, et saisit ensuite le cordon testiculaire à son point d'union avec l'épididyme ; cette main est dirigée de manière à appliquer le pouce sur la partie postérieure du cordon, et l'index et le medius sur la partie antérieure ;

de telle sorte que le cordon se trouve placé dans l'espace qui sépare le pouce de l'index (1).

La partie inférieure du scrotum correspondant au testicule gauche, est pincée avec la main droite, les doigts étant dirigés en bas et en arrière.

Ces positions prises, il s'agit de faire basculer le testicule; pour cela, la main gauche pousse le cordon de haut en bas et d'avant en arrière, de façon à imprimer à la partie inférieure du testicule un mouvement d'avant en arrière, et de bas en haut; la main droite tire sur les enveloppes et, en même temps, la face externe des doigts de cette main, à l'exception du pouce, appuyant fortement contre la face antérieure du testicule, tendant à devenir postérieure, continue le mouvement d'impulsion donné tout d'abord au testicule; le scrotum uni au dartos, entraîné de haut en bas, glisse sur la pointe, et la face antérieure du testicule devenue postérieure ; au moment où le testicule forme avec le cordon un angle aigu, le pouce de la main gauche qui comprimait le cordon, se déplace et vient appuyer sur la face externe et près de l'extrémité inférieure du testicule, devenue supérieure, pour aider à terminer la culbute de cet organe (le testicule) (2).

Les manipulations de ce deuxième temps de l'opération étant finies, le testicule se trouve placé parallèlement et en arrière du cordon. Reste, pour terminer, à faire remonter le testicule vers l'anneau, afin de détruire, s'il en existe, les filaments celluleux qui pourraient rendre difficile la torsion du cordon.

Troisième temps (3). — Le testicule est ramené à la place

(1) Voir la figure 1re. — (2) Voir la figure 2e.
(3) Voir les figures 3e et 4e.

qu'il occupait après avoir été basculé ; les deux mains saisissent alors le testicule et le cordon ; les doigts de la main droite, allongés le long du grand axe du testicule, lui impriment un mouvement de gauche à droite et de dehors en dedans, en ayant le soin d'incliner un peu sa pointe de haut en bas. Les doigts de l'autre main (à l'exception du pouce) attirent le cordon de droite à gauche et de dedans en dehors ; ces manipulations suffisent pour faire exécuter au testicule un demi-tour ; en cet état, le cordon se trouve postérieur au testicule ; dans cette position le rôle des mains change ; le pouce de la main droite appuie sur le cordon et le pousse de gauche à droite et de dehors en dedans, l'index et le medius de la même main viennent bientôt le remplacer pour continuer l'impulsion. Les doigts de la main gauche entraînent le testicule de droite à gauche et de dedans en dehors ; le pouce de la main droite qui a abandonné le cordon devient ici (en agissant pour le testicule comme il l'a fait pour le cordon) d'un utile secours pour aider à compléter le mouvement de torsion que le testicule doit effectuer autour de son cordon (1).

Les tours subséquents se font de la même manière et plus facilement ; leur nombre varie ; en général, plus le cordon sera long et plus ils seront nombreux ; on ne doit pas cependant en faire moins de deux (c'est le nombre ordinaire) ni plus de quatre à cinq.

Il est d'une bonne pratique de remonter à chaque tour le testicule à la place qu'il doit définitivement occuper,

(1) Lorsque nous parlons du cordon spermatique, nous ne comprenons pas seulement, ainsi que l'entendent les anatomistes, les vaisseaux, nerfs et canaux spermatiques qui soutiennent les testicules, mais bien encore le muscle ilio-testiculaire.

si l'on ne veut pas s'exposer à y parvenir difficilement, lorsque tous les tours, jugés nécessaires, seront faits.

Lorsque le cordon testiculaire est fortement tendu et offre beaucoup de résistance à la pression, on peut être assuré que les tours sont assez nombreux.

Le testicule droit est opéré par des manipulations en tout semblables à celles exercées sur le testicule gauche, avec cette petite différence que le rôle des mains est changé, c'est-à-dire que les manipulations faites dans le premier cas par la main gauche, le sont ici par la droite, et celles de la droite par la gauche.

Quatrième temps. — On fait remonter les testicules aussi près qu'on le peut de l'anneau inguinal ; pour y parvenir, on embrasse avec les deux mains le scrotum, immédiatement au-dessous des testicules, et de manière à ce que le pouce et l'index de chaque main, appuyant sur la partie inférieure des testicules, et les poussant de bas en haut, les fassent arriver où ils doivent définitivement rester. Il importe de bien mettre les testicules de niveau ; si l'un descendait plus que l'autre, il serait à redouter que le plus remonté ne se renversât, par les motifs que la ligature ne serait pas placée immédiatement au-dessous de lui.

Les testicules étant bien régularisés, reste à attacher la ligature ; pour cela le scrotum est saisi avec la main gauche, l'une des extrémités du lien est tenu avec les dents, et la main droite contourne trois ou quatre fois ce même lien autour du scrotum et immédiatement au-dessous des testicules. On serre suffisamment pour qu'il ne puisse glisser, et deux ou trois nœuds terminent l'opération.

J'ai cru utile, pour rendre la description du manuel opératoire plus intelligible, de la compléter par des figures reproduisant les manipulations les plus difficiles du bistournage.

Ces figures, je les dois à l'obligeance et au savoir d'un artiste distingué de notre ville, M. Durand.

Circonstances qui obligent de modifier le manuel opératoire. — Tel est dans la généralité des cas le manuel opératoire du bistournage; mais on ne rencontre pas toujours des sujets se trouvant dans les conditions rendant le bistournage facile: signalons donc les conditions opposées et indiquons les modifications que doit alors subir le manuel opératoire.

Le bistournage est difficile, fatiguant pour l'opérateur, très-douloureux pour l'opéré, et parfois impossible, chez les animaux âgés, vigoureux, à tempérament sanguin; chez ceux qui ont des testicules volumineux, remplissant presque entièrement les bourses, ou bien des testicules petits, arrondis, les bourses très-épaisses, le cordon spermatique gros et court.

Lorsque les animaux sont âgés, le tissu cellulaire est dense, résistant, la séparation de la tunique érythroïde et du dartos difficile à obtenir; il en est de même des suites de quelques lésions des enveloppes testiculaires, résultat de coups, de piqûres, ayant déterminé une inflammation de ces parties et quelquefois des phlegmons arrivés à la période de suppuration.

Dans ces cas, le premier temps de l'opération est très-pénible; l'opérateur fera donc bien de ménager ses forces et de se faire aider par un homme vigoureux, qui, bien guidé, pourra détruire seul les adhérences, ou du moins concourir à ce but. Ainsi, on peut lui faire tenir le scrotum fortement tiré en bas, pendant que l'opérateur pousse, avec ses deux mains, les testicules dans un sens opposé.

Dans ces circonstances, on triomphe mieux de la résistance lorsque les efforts se concentrent sur un testicule, puis sur l'autre.

Il ne faut pas se laisser décourager par l'insuccès des premières tentatives; ce n'est souvent qu'après demi-heure et plus qu'on parvient à faire céder ces adhérences : ce résultat est dû, en partie, à ce que les manipulations ont déterminé dans la région une infiltration séro-sanguinolente ayant diminué la cohésion, la densité du tissu cellulaire.

Chez des béliers sur lesquels nous avions expérimentalement, pendant le bistournage, froissé fortement les bourses, nous avons trouvé, par la dissection faite immédiatement après l'opération, le tissu cellulaire, unissant le dortos à la tunique erythroïde, infiltré de sérosité à laquelle étaient mélangés quelques globules sanguins.

C'est cette infiltration qui donne de la laxité au tissu cellulaire; aussi arrive-t-il souvent, ainsi que l'a très-judicieusement observé l'honorable M. Philippe Festal (*Journal des vétérinaires du Midi*, page 14, tome VIII), que l'infiltration, produit des manipulations, permet de faire le bistournage, alors qu'avant il était impossible.

Si les bourses sont étroites, le testicule long, volumineux, le cordon court et gros, il existe une grande difficulté pour culbuter le testicule et tordre le cordon spermatique.

On peut souvent les surmonter en tordant, après le premier temps de l'opération, les bourses, le testicule et le cordon ; le tout étant rétabli dans la situation normale, on dirige le testicule, pour lui faire opérer la culbute, un peu obliquement à la direction de son cordon.

Une fois le testicule basculé, si l'on éprouve de la résistance pour opérer la torsion du cordon, il faut encore tordre tout à la fois, comme on l'a fait tout d'abord, enveloppes, testicule et cordon. Pour cela, on saisit le testicule avec les deux mains, une à chaque extrémité de cet organe, et le rendant presque horizontal au cordon, on lui imprime un mouvement de rotation; mais les enveloppes ayant suivi le mouvement du testicule, il faut ramener le tout dans sa première position, et agir alors comme dans les cas où le bistournage est facile.

Il est rare que ces manipulations, exécutées deux ou trois fois ne permettent pas de terminer une opération qui eût été impossible sans le secours des modifications apportées au manuel opératoire ordinaire.

Enfin, il est des circonstances où le testicule est petit, presque rond, et avec cela les enveloppes sont très-larges, le cordon est généralement peu volumineux. Si cette disposition organique ne fait éprouver, à un opérateur un peu exercé, de grandes difficultés, il est quelquefois difficile de fixer d'une manière solide le testicule vers l'anneau inguinal; à peine l'opération est-t-elle terminée que le testicule revient à sa première position, et l'opération est manquée.

Deux moyens sont à notre disposition pour éviter cet accident.

Le premier consiste, une fois le testicule culbuté, à ne pas le faire monter, ni avant ni après la torsion, vers l'anneau inguinal; ainsi que nous l'avons recommandé pour les cas où cet organe est normalement conforme, attendu qu'en lui imprimant le mouvement d'ascension, il redevient perpendiculaire au cordon, et le but proposé n'est pas atteint.

Le deuxième, je l'ai indiqué dans le *Journal des Vété-*

rinaires du Midi (année 1842, page 176). Je disais : « Toutes les fois que je rencontre cette dernière disposition, j'ai la précaution de mettre sur les enveloppes une seconde ligature que je place au-dessus de la première ; je tortille les deux bouts, je leur fais suivre le milieu et la face postérieure des testicules ; vers la partie supérieure de ces organes, je les sépare et les conduits antérieurement ; là, je les réunis par un nœud. »

Il est des cas où le bistournage semble matériellement impossible, vu la conformation des organes à manipuler ; cependant, à la suite de compressions, de tiraillements exercés sur les bourses, ces organes deviennent, au bou de douze à vingt-quatre heures, le siége d'une infiltration ayant pour résultat de dilater fortement les bourses, assouplir le tissu cellulaire. C'est ce moment qu'il faut saisir pour reprendre l'opération, et souvent on est assez heureux pour voir ses efforts couronnés de succès. C'est encore ce moment qu'il faut saisir, lorsque les testicules, malgré les précautions indiquées, ne peuvent rester parallèles aux cordons. L'infiltration fait ici l'effet d'un bandage contentif et maintient les testicules mieux que ne pourraient le faire les ligatures ; ce qui ne doit pas néanmoins empêcher d'en placer une.

Les dispositions organiques que nous venons de signaler existent quelquefois à un degré tel, que, malgré toutes les modifications apportées au manuel opératoire, le bistournage est impossible ; force est alors d'avoir recours à un des autres moyens de castration.

Symptômes qu'offrent les animaux après le bistournage. — Les phénomènes consécutifs à l'opération sont généralement en rapport avec l'irritabilité du sujet, l'âge auquel on pratique le bistournage et les difficultés qu'on a rencontrées; aussi les symptômes seront-ils d'autant moins intenses que le sujet sera moins irritable, plus jeune et que l'opération aura été facile.

Il est néanmoins d'observation que, chez des individus maigres, peu énergiques, ou à tempérament lymphatique, l'infiltration des bourses est ordinairement plus considérable que chez les animaux se trouvant dans des conditions opposées.

Quoi qu'il en soit, immédiatement après l'opération on voit se produire les symptômes suivants: mouvements ondulatoires et flexion du train postérieur, trépignements des pieds de derrière, parfois des érections ont lieu; la verge sort et rentre avec rapidité du fourreau; décubitus latéral durant lequel les membres sont raides et les postérieurs frappent le sol avec force; encolure tendue, tête portée en arrière; les yeux sont parfois agités de mouvements convulsifs; on dirait l'animal en proie à un accès tétanique.

L'animal se relève bientôt, se porte à droite, à gauche, en avant, mais le plus souvent en arrière; il se recouche, et les phénomènes déjà signalés se reproduisent; il n'est pas rare d'entendre les animaux pousser des plaintes; pouls fréquent, vite, muqueuses légèrement injectées, respiration accélérée; des sueurs générales apparaissent aussi parfois.

Ce trouble général, ces coliques sont très-variables quant à l'intensité et à la durée; les coliques, très-vives durant une demi-heure, vont s'affaiblissant graduellement et ont généralement disparu au bout de 2 à 6 heures; le trouble général suit la marche décroissante des coliques.

Alors les animaux appètent les aliments, la rumination se produit; mais la surexcitation à laquelle ils ont été en proie laisse l'économie animale dans un affaissement, une lassitude d'autant plus prononcés que le trouble général a été lui-même plus intense.

Les phénomènes que nous venons de signaler ne sont pas le cortége obligé du bistournage : chez quelques animaux, l'opération ne produit aucun trouble, pas la moindre colique.

Le lendemain de l'opération rien dans l'économie n'atteste la fièvre sous l'influence de laquelle elle s'est trouvée la veille.

A cette époque l'infiltration, commencée déjà durant les manipulations, est très-évidente ; les bourses sont luisantes, tendues, chaudes, douloureuses, et ont acquis un assez gros volume ; elles conservent l'impression des des doigts qui les compriment.

Si le bistournage a été très-pénible, on observe çà et là, sur le scrotum, des ecchymoses.

Ces phénomènes inflammatoires sont beaucoup plus prononcés au-dessus qu'au-dessous de la ligature.

Le degré d'intensité de l'infiltration des bourses indique le moment où il est convenable d'enlever la ligature appliquée au-dessous des testicules.

Cette petite opération se fait aisément et sans avoir recours aux moyens contentifs.

C'est généralement après quarante-huit heures qu'on doit délier les bourses ; mais le but proposé en appliquant la ligature, c'est-à-dire empêcher les testicules de se renverser, indique suffisamment que l'époque doit nécessairement varier selon que l'inflammation est plus ou moins longue à se produire.

On peut donc poser en règle générale que le moment opportun est celui où l'infiltration est assez intense pour distendre les bourses et exercer une contention capable d'empêcher les testicules de se renverser.

Lorsque la ligature est enlevée, l'infiltration, peu développée jusques-là au-dessous d'elle, se propage avec rapidité jusqu'au fond des bourses, et bientôt elles offrent une masse cylindrique.

La rapidité avec laquelle ce phénomène se produit fait souvent croire aux propriétaires que les testicules sont descendus et que le bistournage est manqué. Il n'est pas rare même que l'opérateur ne soit prié d'aller y remédier.

Le toucher permet aisément de distinguer l'infiltration d'avec la présence du testicule ou des testicules au fond des bourses.

Nous aurons toutefois le soin d'indiquer, en parlant des accidents du bistournage, les symptômes différents que fournit, dans l'un et l'autre cas, la palpation.

Cette inflammation des bourses est généralement toute locale, et malgré que souvent ces organes aient acquis trois ou quatre fois leur volume ordinaire, l'appétit, la rumination se maintiennent; la circulation, la respiration ne sont pas sensiblement modifiées; la locomotion est parfois embarrassée, les membres postérieurs sont écartés, l'animal marche avec précaution; il est certain que le ballottement de cette masse emflammée détermine de la douleur que le sujet cherche nécessairement à éviter.

En quatre à six jours les phénomènes inflammatoires sont ordinairement parvenus à leur summum d'intensité; à dater de ce moment, la résolution va graduellement s'opérant, et en quinze à vingt jours elle est complète.

Doit-on soumettre à un traitement les animaux bistournés? Non, dans les conditions ordinaires. De même que nous avons reconnu, d'une manière générale, l'inutilité de préparer les animaux à l'opération, de même aussi nous ne voyons aucune nécessité de saigner les animaux, de les soumettre au régime, etc.

Pourquoi ces précautions alors qu'il s'agit de phénomènes parcourant leurs phases avec régularité? Ainsi, poser en principe qu'on doit, après le bistournage, pratiquer des émissions sanguines, n'est pas notre avis.

Dans quel but la phlébotomie? est-ce pour prévenir la fièvre de réaction? Ordinairement il ne s'en montre pas (1). Est-ce pour s'opposer au développement des symptômes locaux ou obtenir leur prompte résolution? Mais ces symptômes sont indispensables et ils doivent même avoir une certaine durée afin de fixer définitivement les testicules dans la position qu'on leur a donnée.

La saignée est donc sans aucun avantage, et elle peut, appliquée chez des animaux maigres, affaiblis, avoir, ainsi que l'a signalé notre honoré confrère, M. Philippe Festal (*Journal des Vétérinaires du Midi*, t. VIII, p. 13), des inconvénients, tant sous le rapport de la santé de l'individu que pour le résultat de l'opération.

On conçoit qu'il est tout-à-fait irrationnel d'enlever

(1) On nous permettra de ne pas considérer comme fièvre de réaction l'état passager de surexcitation apparaissant immédiatement après le bistournage, et cela parce que nous nous réservons de désigner seulement, sous le nom de fièvre de réaction, le trouble général se produisant à la suite de l'inflammation bien caractérisée de la région opérée; c'est donc une convention que nous établissons avec le lecteur; il nous pardonnera cette petite licence.

du sang à un animal en ayant à peine suffisamment pour le libre exercice de ses fonctions.

Un certain degré d'inflammation étant reconnu indispensable au succès de l'opération, pourquoi s'opposer au développement de ce phénomène pathologique? pourquoi, une fois produit, chercher à en obtenir une trop prompte résolution? Ce serait, ce nous semble, agir bien inconsidérément.

Nous n'ignorons pas que, dans certains cas, la saignée est utile, et notre intention n'est certes pas de la proscrire sans exception; mais, pour saigner, faut-il encore qu'il y ait indication : ces indications, nous les ferons connaître en leur lieu.

Si nous sommes peu partisan de la saignée employée sans motifs, nous ne tiendrons pas non plus, à moins de circonstances particulières, à soumettre les animaux bistournés au régime.

D'après nous, il est donc tout-à-fait inutile, sinon nuisible, s'il n'y a pas indication, de changer en rien les conditions hygiéniques où se trouvent placés les individus opérés.

C'est encore là un des bons côtés du bistournage et qui, sans nul doute, sera bien apprécié par les vétérinaires ayant été en même de juger combien il est difficile d'obtenir, des personnes chargées dans nos campagnes de soigner les animaux, des modifications dans les conditions hygiéniques des sujets opérés.

Combien d'insuccès, soit dit en passant, rapportés au défaut de savoir ou de zèle du vétérinaire et même à l'impuissance de la médecine vétérinaire, ne doivent-ils pas être reversés sur le peu de cas qu'on fait généralement de la diététique?

La seule recommandation utile à faire, c'est de ne pas laisser courir les animaux, alors que l'engorgement des bourses est arrivé à la période d'état; le ballottement de cette partie enflammée, les chocs qu'elle éprouve contre les cuisses sont susceptibles de la faire augmenter beaucoup et de provoquer même une fièvre de réaction assez intense.

Modifications que subissent les organes de la génération après le bistournage. — Nous l'avons dit : les manipulations nécessitées pour l'opération produisent la séparation complète du dartos et de la tunique érythroïde. Après le premier temps de l'opération, le dartos forme une espèce de bourse, où le testicule, enveloppé de la tunique érythroïde, est libre.

Bientôt après le bistournage, on pourrait même dire pendant, une exsudation séro-sanguinolente se produit dans le tissu cellulaire qui unissait le dartos à la tunique érythroïde; toutes les enveloppes testiculaires deviennent aussi le siége d'une congestion active très-énergique. C'est ce que nous ont prouvé les dissections faites immédiatement après le bistournage.

Ces phénomènes pathologiques, qui, en s'aggravant, constituent les engorgements inflammatoires déjà signalés, ne sont pas ceux qui doivent le plus nous occuper; nous n'aurions, en effet, rien à ajouter aux importants travaux faits de nos jours sur la congestion et l'inflammation au point de vue de l'anatomie pathologique, mais il nous importe d'examiner les modifications survenues, quelque temps après le bistournage, dans les organes de la génération.

Pour bien juger de la profonde désorganisation apportée dans les organes de la génération, il faut en faire l'étude six mois après le bistournage. A cette époque, les modifications organiques, que nous allons successivement décrire, sont arrivées à leur dernier degré.

Le scrotum, uni au dartos, est trois à quatre fois moins volumineux qu'au moment du bistournage; il offre une infinité de fronçùres. Le dartos est généralement séparé de l'érythroïde par un tissu graisseux ou par des filaments celluleux très-longs et très-lâches: cette disposition permet au testicule, entouré qu'il est des autres membranes, de monter et descendre dans l'espèce de sac formé par le dartos.

Les membranes érythroïde, fibreuse, séreuse et corticale, forment une seule tunique blanchâtre, résistante, dont les diverses lames qui la composent ne peuvent se séparer, unies qu'elles sont par l'intermédiaire d'un tissu cellulaire fin, serré, ayant les caractères du tissu fibreux blanc; le testicule n'est donc plus libre dans l'intérieur de la poche formée, à l'état normal, par l'expansion membraneuse du muscle ilio-testiculaire; la surface externe de la membrane corticale n'offre plus les flexuosités veineuses existant à l'état physiologique; entre la tunique albuginée et la première couche de substance testiculaire existe un réseau vasculaire très-fin, d'une épaisseur de 2 à 4 millimètres, provenant des ramifications artérielles des enveloppes testiculaires, ramifications fournies par la honteuse externe (1).

La substance du testicule, d'un aspect granuleux, varie, quant à la couleur, du blanc grisâtre au jaune ocre; sa consistance est de beaucoup supérieure à celle de l'état

(1) Des injections que nous devons à l'obligeance de notre collègue M. Gourdon, chef des travaux anatomiques, confirment ces observations.

physiologique; son volume est à peu près celui d'une noisette ou d'un petit œuf de poule.

La substance propre du testicule, sans organisation bien apparente, est traversée par de petits cordons blancs, résistants, provenant de la tunique albuginée et de l'oblitération des veines et des artères spermatiques.

Le corps d'hygmore est aussi réduit à l'état d'un petit cordon blanchâtre. A la périphérie de la substance testiculaire ou aux parties correspondant à l'épididyme, on rencontre souvent, surtout chez les vieux bœufs, une matière aréolaire, de couleur jaunâtre, ayant la densité du tissu osseux et se présentant sous formes de lames minces ou de petits corps arrondis.

Les organes constituant essentiellement le cordon spermatique sont complètement atrophiés; ils sont représentés par de minces cordons fibreux, blancs; les artères et les veines testiculaires, ainsi que le canal efférent, n'offrent par conséquent aucune trace de cavité intérieure.

Le muscle ilio-testiculaire, quoique tordu jusqu'à l'anneau inguinal et un peu atrophié, conserve néanmoins des fibres musculaires assez énergiques pour attirer par leur contraction le testicule bistourné.

Pour mieux saisir les modifications imprimées à la substance testiculaire, nous avons procédé à l'examen microscopique des parties.

M. Hérard, chef des travaux chimiques, a bien voulu se charger de cette étude, que j'ai moi-même suivie avec le plus grand soin.

En voici les résultats; ils sont fournis par un grossissement variant de 75 à 400 fois en diamètre :

1° La trame celluleuse du testicule est conservée; 2° les canaux séminifères le sont également, mais au lieu de pouvoir se dérouler en longs tubes comme dans le testicule sain, ils sont fortement unis entre eux par un tissu cellulaire dense, nacré et présentant les principales propriétés des fibres blanches des tumeurs dites squirrheuses; leurs parois sont épaissies, très-denses, renfermant des globules irréguliers d'un diamètre variable depuis 0^{mm} 015 jusqu'à 0^{mm} 005, sans noyaux apparents, insolubles dans l'acide acétique et dans les autres acides, adhérents aux parois du vaisseau séminifère.

On sait qu'à l'état physiologique les canaux séminifères, sont réunis entre eux par un tissu presque gélatineux, qui permet à ces canaux de se développer dans le sens de leur longueur quand on vient à exercer une légère traction sur leurs extrémités; leurs parois sont minces, transparentes, les vésicules renfermées dans leur intérieur sont libres, bien limitées, sphériques, à circonférence unie, contenant souvent un granule concentrique dont les développements et l'usage ont encore été peu observés.

3° De petits filaments blanchâtres, les uns, se dirigeant de la circonférence au centre, ne sont que les prolongements de l'albuginée; les autres se contournant sur eux-mêmes, sans cavité intérieure, résultent de l'oblitération des vaisseaux.

La matière aréolaire, de couleur jaunâtre, etc., dont nous avons parlé, a présenté à l'analyse la plus grande analogie avec les produits de la périostite; à l'examen microscopique, on reconnaît des granulations osseuses formées par des lames superposées irrégulièrement et ne présentant rien de remarquable dans leur disposition.

4° Dans le testicule sain, on rencontre presque toujours des animalcules spermatiques, ce qui n'arrive jamais pour les testicules des animaux bistournés depuis quelque temps.

Nous aurons peu de chose à dire du bistournage de l'agneau ou du bélier, le manuel opératoire étant le même que pour le taureau ; néanmoins, nous signalerons brièvement quelques particularités.

C'est généralement au printemps, quelque temps avant ou après la première tonte, qu'on pratique cette opération.

Si l'on a un troupeau nombreux à bistourner, il importe, pour l'économie du temps, de diviser la bergerie en deux parties, afin de séparer les animaux opérés de ceux qui ne le sont pas.

Deux aides sont utiles, l'un pour aller chercher les agneaux et l'autre pour les tenir.

Pour fixer l'animal, l'aide le saisit par les jambes de devant et le renverse ; dans cette position le bélier a sa tête située entre ses membres de devant et son dos placé entre les jambes de l'aide.

L'opérateur, assis en avant de l'animal, retient et écarte avec ses pieds les membres postérieurs du sujet à opérer.

Deuxième temps. — Le pouce de la main gauche est appliqué sur la partie antérieure du cordon ; l'index et le médius le sont sur la partie postérieure ; le cordon est tiré d'arrière en avant, et la culbute du testicule se fait d'avant en arrière ; lorsque le testicule est renversé, le cordon est postérieur à cet organe.

Troisième temps. — Le nombre de tours faits au cordon est en général de quatre à cinq.

La position donnée à l'animal oblige à faire subir, au manuel opératoire, ces simples modifications. Pour fixer la ligature, dont la longueur doit être de 40 à 50 centimètres environ, on n'a qu'à maintenir, avec le pouce ou l'index d'une main, l'une de ses extrémités, pendant que l'autre main la contourne autour des bourses.

Après l'opération, l'animal sautille sur son derrière et va à reculons, quelquefois il se laisse tout-à-coup tomber et raidit convulsivement son corps. Ces phénomènes sont de peu de durée.

Surviennent après la série des symptômes dont nous avons parlé à propos du taureau.

Les motifs que nous avons allégués pour proscrire le bistournage chez les solipèdes nous dispensent d'indiquer les modifications que subit pour eux le manuel opératoire.

Ce que nous avons dit (numéro de février, page 61) nous semble d'ailleurs suffisant pour comprendre ces modifications, existant surtout dans le premier temps de l'opération.

Les testicules des solipèdes bistournés restent rarement parallèles aux cordons ; ils tendent toujours à devenir perpendiculaires à ces organes ; aussi, chez les animaux de cette espèce, bistournés depuis longtemps rencontre-t-on presque toujours les testicules, quoique très-atrophiés, perpendiculaires à leurs cordons; ce qui ne s'observe qu'exceptionnellement chez les ruminants, et chez ces derniers l'opération est elle-même alors le plus souvent manquée, et si chez les solipèdes il n'en est pas ainsi, on peut l'attribuer à ce que les testicules ne reprenant cette position qu'insensiblement, le cordon ne se détort pas. Cette détorsion du cordon se produit infailliblement toutes les fois que le déplacement des testicules s'opère avant qu'une infiltration assez forte ne soit survenue dans cette région.

TROISIÈME PARTIE.

Des accidents du bistournage.

SOMMAIRE.

Chute de la ligature. — Circonstances où il n'est possible que d'opérer un seul testicule. — Effets d'une trop forte compression produite sur les bourses par la ligature. — Inflammation portée au-delà des limites ordinaires ; fièvre de réaction qui en résulte. — Acrobustite. — Hydrocèle. — Orchite. — Engorgement du cordon testiculaire. — Un mot sur le sarcocèle.

Chute de la ligature. — Cet accident, assez fréquent, peut survenir dans les premières heures qui suivent l'opération, avant que l'infiltration ne soit bien prononcée, ou se montrer alors que l'infiltration est déjà produite. Dans l'une et dans l'autre circonstance le testicule peut se renverser, mais la détorsion du cordon n'a pas toujours lieu. D'autres fois le testicule ne se renverse pas; mais, en restant parallèle à son cordon, il revient à la position où il se trouvait après le troisième temps de l'opération. Le cordon peut aussi se détordre, quoique le testicule ne se renverse pas.

Etudions successivement ces divers états.

Renversement du testicule ; détorsion du cordon. — Nous avons déjà signalé les dispositions organiques rendant facile le renversement des testicules. Là ne sont pas les seules causes de cet accident : si le lien n'est pas assez serré, il peut aisément glisser à la suite des mouvements, parfois désordonnés, auxquels se livrent les animaux après l'opération ; enfin, il est des circonstances où les animaux vont, avec la bouche, le détacher.

Admettant que cela se produise avant le développement de l'inflammation qui doit envahir la région opérée, le testicule peut se renverser, et, dans cette circonstance, la détorsion du cordon a lieu; le bistournage est manqué. Ce n'est pas le plus grave inconvénient; car, si une inflammation ne venait pas s'emparer des enveloppes testiculaires, on serait toujours à temps de reprendre l'opération à une époque plus ou moins éloignée, et d'opérer dans les conditions existant avant l'accident; mais il est loin d'en être ainsi, attendu que l'inflammation qui apparaît a toujours pour résultat de déterminer des adhérences entre les diverses enveloppes constituant les bourses, adhérences acquérant en peu de jours une telle résistance, qu'il est très-difficile d'obtenir, après une quinzaine de jours, par exemple, la séparation du dartos de la tunique érythroïde, et le bistournage est rendu souvent impossible, toujours très-pénible pour l'opérateur, et très-souffrant pour l'opéré.

Il importe donc de remédier immédiatement à cet accident, chose aussi facile, sinon plus, que lors de la première opération, si l'on est appelé avant que l'inflammation ne se produise.

Si l'inflammation a déjà envahi les bourses, la difficulté qu'offrira le bistournage sera en rapport avec l'intensité de l'inflammation.

En tout état de choses, il importe d'opérer et de ne pas attendre, dans le vain espoir d'avoir le bistournage plus facile, que les phénomènes inflammatoires se soient dissipés; il ne faut donc pas perdre de vue que l'opération est, dans ces circonstances, d'autant plus difficile qu'on s'éloigne davantage de l'époque où elle a été faite.

Lorsqu'on opère alors qu'il existe un peu d'infiltration, on a peu à redouter que le testicule se renverse de nouveau, ce qui ne doit pas néanmoins empêcher de placer une ligature au-dessous des testicules, ayant la précaution de la serrer modérément.

Renversement du testicule sans détorsion du cordon. — L'infiltration, en se produisant, peut faire glisser insensiblement le lien placé aux bourses, et alors il se peut que le testicule se renverse ; d'autres fois le testicule éprouve insensiblement ce phénomène, et ce n'est souvent qu'un ou deux jours après que la ligature est enlevée que le renversement est complet. Cet accident peut même passer inaperçu à des hommes peu expérimentés ou à ceux qui se contenteraient de voir et non de toucher.

Le toucher et la palpation permettent facilement de reconnaître cet accident ; il est même possible de distinguer la détorsion du cordon.

Lorsque l'un des testicules est seulement renversé, l'œil perçoit aisément une différence de volume entre les deux bourses ; le toucher fait aussi reconnaître un corps dur, résistant, douloureux à la pression, et rappelant tout-à-fait la forme du testicule : en suivant ce corps de bas en haut, on arrive sur un organe moins volumineux, mais offrant aussi beaucoup de résistance ; c'est le cordon.

Si l'on prend le fond des bourses et qu'on le tire de haut en bas, on peut faire remonter le testicule.

On reconnaît que le cordon ne s'est pas détordu, à la résistance, à la dureté qu'il offre à la main qui le comprime ; tandis que le cordon non tordu est flasque, molasse, se laisse déprimer : ce sont donc là des caractères suffisants pour ne pas confondre le cordon tordu de celui qui ne l'est pas, et aussi le simple œdème des bourses de celui où existe, en même temps, le testicule renversé.

Le toucher, s'il est un peu exercé, permet même de distinguer le nombre de tours faits au cordon.

Si nous entrons dans des détails qui, aux yeux de beaucoup de vétérinaires, paraîtront pour le moins inutiles, c'est qu'au début de notre carrière, nous avons commis des erreurs de diagnostic à ce sujet, et que nous aurions peut-être évitées si notre attention eût été éveillée sur ce point.

Cet accident du bistournage est moins grave que le premier; on peut même dire qu'il ne l'est pas, et que le succès de l'opération n'est pas compromis; toujours est-il qu'il est bon d'y remédier, dès le principe, en replaçant le testicule dans la position parallèle au cordon. Mais si l'on est appelé à une époque où les adhérences rendent l'opération difficile sinon impossible, on devra ne pas tourmenter inutilement les animaux, attendu que l'opération sera suivie du résultat espéré. Dans cette circonstance, en effet, la détorsion du cordon ne s'étant pas produite, la circulation n'en est pas moins arrêtée et la fonction de l'organe détruite; aussi voit-on le testicule s'atrophier, comme dans les cas où cet organe ne s'est pas renversé. Le testicule ne reste même pas au fond des bourses; il remonte vers l'anneau inguinal; mais il ne parvient jamais dans le point de cette région où on l'avait primitivement placé.

C'est cette position du testicule qui fait souvent croire que le bistournage est manqué, et diminue, aux yeux de certains propriétaires, la valeur des animaux se trouvant dans cet état. C'est là un préjugé que l'on doit s'efforcer de détruire, par les motifs que les résultats de l'opération sont aussi complets que possible.

Lorsqu'on dissèque la région testiculaire des animaux bistournés depuis peu, mais chez lesquels l'infiltration s'est produite, on se rend aisément compte des causes qui ont empêché le cordon de se détordre ; chez les animaux bistournés il se produit une exsudation non-seulement dans les enveloppes testiculaires, mais encore le long du cordon, de telle sorte que ce dernier organe est tellement comprimé par la matière organique de nouvelle formation, que les tours du cordon se trouvent retenus par une espèce de gaîne dont la densité acquiert, en peu de jours, une telle consistance qu'il est difficile de la séparer du cordon ; c'est surtout vers l'anneau inguinal que cette densité est remarquable.

Il peut encore arriver que le testicule, ne se renversant pas, revienne néanmoins dans la position qu'il occupait après le troisième temps de l'opération ; comme alors la détorsion ne s'est pas produite, ce qu'on reconnaît aux signes déjà signalés, on doit peu s'en préoccuper.

Ce dernier cas se voit principalement lorsque le cordon est long et que le lien placé aux bourses, étant peu serré, a glissé.

Le testicule peut enfin être seulement renversé et le cordon non tordu. Nous l'avons plusieurs fois observé, mais toujours l'opération avait été pratiquée par des mains inhabiles, et l'on avait cru tordre le cordon alors qu'il n'en était rien. D'autres fois, la torsion a été impossible, et le châtreur n'en a pas moins laissé le testicule basculé, tout en assurant effrontément que l'opération était terminée ; avouons qu'il n'y a guère que les châtreurs de passage qui puissent agir ainsi.

La détorsion peut aussi se produire sans que le testicule se renverse ; ce qui se voit surtout chez les veaux et les agneaux.

Si l'on est averti à temps de cet accident, on peut y

obvier d'autant plus facilement, que nous savons déjà qu'un bistournage d'abord impossible le devient lors de l'apparition des phénomènes inflammatoires, et que cette même inflammation s'oppose à la détorsion du cordon.

Il importe donc beaucoup de terminer l'opération avant que des adhérences trop fortes ne viennent y mettre un obstacle souvent insurmontable.

Cet accident n'étant reconnaissable dans le principe que pour l'homme exercé, on n'est souvent prévenu que trop tard, et alors seulement que le propriétaire s'est aperçu que le testicule ne s'attrophiait pas et que l'animal conservait tous les attributs de son sexe.

Après la résolution des phénomènes inflammatoires produits par l'opération, la peau des bourses est rétractée, a perdu de sa souplesse et est sensiblement épaissie; le testicule et le cordon ont leur volume ordinaire; la palpation fait reconnaître que le cordon n'est pas tordu; les manipulations les plus vigoureuses sont presque toujours impuissantes pour séparer l'érythroïde du dartos, et la torsion du cordon est par conséquent impossible.

C'est là un accident grave du bistournage, et il l'est d'autant plus que longtemps il passe inaperçu, et on ne le connaît généralement que lorsqu'il n'est plus temps, ou qu'il est du moins très-difficile d'y remédier, à moins d'avoir recours à un autre procédé de castration.

Les accidents que nous venons de signaler peuvent s'observer sur l'un ou les deux testicules. Nul doute que le cas ne soit plus grave, si les deux testicules se trouvent dans cette condition; il est vrai que, généralement, un seul testicule offre cet accident ; en nous en rapportant au relevé fourni par notre pratique, la proportion serait de 1/30me, c'est-à-dire que sur trente accidents, du genre de ceux que nous venons de passer en revue, il y en aurait vingt-neuf où un seul testicule le présenterait.

Les accidents du bistournage que nous venons de faire connaître peuvent se produire sans que la ligature des bourses ait glissé ou soit tombée ; de même aussi la ligature des bourses peut glisser, tomber sans que, nécessairement, ces accidents apparaissent.

Circonstances où il n'est possible que d'opérer un seul testicule. — Cela peut tenir à ce que, l'animal étant très-fort, vous avez épuisé vos forces, fatigué vos mains, ou bien à des modifications organiques ou morbides des parties à manipuler.

Dans le cas où l'exploration de la région permet de prévoir cette difficulté, doit-on bistourner un seul testicule, ou mieux laisser l'animal tel qu'il est ?

Si la difficulté ne tient qu'à l'épuisement des forces de l'opérateur, on lie les bourses pour empêcher le testicule de se renverser, et plus tard l'on reprend l'opération. Il ne faut jamais laisser passer vingt-quatre heures.

Si on a pu prévoir, comme nous l'admettons, cette impossibilité de terminer l'opération, il importe d'en avertir le propriétaire, qui peut-être ne voulant pas courir les chances d'une opération autre que le bistournage, qu'on devra plus tard faire subir à l'animal pour détruire complètement en lui la faculté génératrice, préférera le vendre tel quel.

Dans le cas où il se déciderait à faire pratiquer l'opération, à la condition toutefois de déterminer l'atrophie des testicules et non de les enlever, doit-on opérer sur les deux testicules à la fois? en bistournant l'un et neutralisant l'autre, par un procédé opératoire que nous indiquerons; ou bien encore renoncer au bistournage pour employer sur les deux organes la ligature sous-cutanée des cordons en masse?

Les diverses observations que nous avons recueillies sur ce point nous permettent d'avoir, à ce sujet, une opinion bien arrêtée.

Nous ne conseillerons jamais d'opérer en même temps sur le même animal un testicule par le bistournage et l'autre par la castration à l'aiguille. La combinaison de ces deux causes d'inflammation étant souvent suivie d'accidents fâcheux, tels que fièvre de réaction très-intense, suppuration, gangrène du testicule, on doit donc commencer par bistourner le testicule qui peut l'être, et renvoyer à plus tard la deuxième opération.

Quant à cette autre question: doit-on pratiquer la castration à l'aiguille sur les deux testicules, alors que l'un est dans l'état normal et l'autre non? nous répondrons, d'accord avec M. Miquel, de Béziers, (V. *Journal des Vétérinaires du Midi*, année 1846, p. 20) qu'on a beaucoup à redouter, lorsqu'on opère sur un testicule sain, la suppuration, la gangrène de cet organe.

Mais si les deux testicules ont été manqués et qu'ils aient contracté des adhérences avec leurs enveloppes, on peut les opérer en même temps, sans avoir trop à redouter que la suppuration ou la gangrène n'éliminent ces organes.

De ce qu'on opère par la méthode sous-cutanée un testicule sain, en résulte-t-il infailliblement qu'il soit éliminé, soit par la gangrène, soit par la suppuration? Les expériences que nous avons faites, depuis que nous sommes attaché au service de clinique de l'Ecole impériale vétérinaire de Toulouse, nous permettent de dire que, dans ces circonstances, l'opération n'a pas pour terminaison inévitable la gangrène ou la suppuration.

Resterait maintenant à se rendre compte de cette différence de résultats obtenus. Pourquoi, en effet, la castration à l'aiguille n'est-elle pas toujours suivie de l'élimination du testicule, alors que dans tous les cas la compression du cordon, par la ligature, est la même?

M. Miquel l'explique en disant (voir l'article de cet auteur déjà cité), que lorsqu'il y a des adhérences, les vaisseaux qui les parcourent, alimentent les glandes spermatiques, les empêchent de se gangréner et de supurer indéfiniment. Cette explication ne serait applicable qu'aux seuls cas où il y a des adhérences du testicule avec ses enveloppes.

Pour notre compte, nous pensons que la castration à l'aiguille a, comme le bistournage, pour effet d'arrêter la circulation dans les artères et les veines testiculaires; mais que, dans l'un et l'autre cas, les enveloppes testiculaires conservent la circulation, la vitalité qui leur est propre, et s'opposent ainsi, et tout d'abord, à l'élimination du testicule. Plus tard, des modifications particulières, et que nous avons signalées ailleurs, se produisent dans ces mêmes membranes et deviennent, de même que les fausses membranes, les tissus fibreux qui s'organisent autour d'un corps étranger, introduit ou développé dans l'économie animale des organes de protection, et s'opposent à l'élimination d'une matière ne faisant pas partie de la machine animale.

Vainement viendrait-on soutenir, pour détruire notre

manière de voir, que les testicules bien bistournés et depuis longtemps, présentant des altérations morbides, ces organes ne peuvent être considérés comme entièrement étrangers à l'économie animale.

Si dans l'appréciation de ces faits il n'y avait pas eu une erreur d'observation, notre manière de voir perdrait de sa valeur; mais nous espérons démontrer, dans notre prochain article, que cette erreur a existé.

Nous attribuons donc les accidents qui suivent la castration à l'aiguille plutôt à un excès d'inflammation, ou à la présence du sang épanché dans les tissus, par suite de l'opération, au contact de ce fluide avec l'air, etc., toutes conditions favorisant, ainsi que l'a si bien démontré M. Renault, la gangrène traumatique, qu'aux effets de la ligature; sans nier toutefois l'influence que peut avoir, dans la production de la gangrène traumatique, la diminution de la vitalité d'un tissu.

C'est même cette vitalité plus grande qui existe dans les enveloppes des taureaux manqués, la densité plus forte qu'ont acquis les tissus, qui permettent, jusqu'à un certain point, de nous expliquer, la rareté des accidents qui suivent, chez eux, la castration à l'aiguille. Ne perdons pas, toutefois, de vue qu'il importe beaucoup de tenir compte du sujet et des conditions dans lesquelles il se trouve.

Lorsque, par l'un des motifs que nous avons énoncés, le bistournage est impossible, reste à mettre en usage un des autres procédés de castration.

Le propriétaire ne vous laisse pas toujours le choix du mode opératoire. Ce qu'il désire, c'est non-seulement la conservation de son animal, mais il demande encore que son taureau ne soit pas châtré par l'ablation des testicules, pénétré qu'il est de cette fausse idée, que le bœuf auquel on laisse les testicules a beaucoup plus de force que si on les lui enlevait.

Il est même des contrées où l'on estime fort peu, pour le travail, les bœufs émasculés par l'excision des testicules.

Aussi, dès ma sortie de l'Ecole, ayant très-souvent rencontré beaucoup de difficulté pour faire consentir les propriétaires à laisser châtrer, par l'ablation des testicules, des taureaux qui avaient été manquées (ces animaux, nous l'avons déjà dit, sont désignés dans nos contrés sous le nom de *rangouils*), nous cherchâmes un procédé arrivant aux mêmes fins que le bistournage.

Nous mîmes alors en usage, pour le taureau, le procédé indiqué par Vatel, dans son *Traité de pathologie vétérinaire*, t. II, p. 443, consistant à traverser, d'outre en outre, la peau correspondant au cordon testiculaire, au moyen d'une aiguille droite garnie d'une ficelle cirée; à chasser le cordon dans l'anse formée par la corde, et à repasser ensuite par les mêmes ouvertures; serrer enfin suffisamment le cordon.

Nous avions apporté une légère modification à ce procédé; ainsi, au lieu de faire deux ouvertures à la peau nous n'en faisions qu'une, et nous contournions ensuite le cordon testiculaire avec l'aiguille qui sortait par l'ouverture où elle était entrée. Si nous avions apporté cette simple modification au procédé de Vatel, c'était dans le but d'éviter le moins d'épanchement de sang possible et de moins favoriser l'introduction de l'air dans la petite plaie.

Ayant, depuis cette époque, mis très-souvent ce procédé de castration en usage, et sans y apporter la modification que nous venons de signaler, nous devons avouer que nous n'avons pas eu d'accidents à déplorer, et que l'opération est un peu plus prompte, surtout pour celui qui est peu exercé à faire circuler l'aiguille autour du cordon.

Voir pour plus de détails sur cette opération (désignée sous le nom *de castration à l'aiguille*, *ligature sous-cutanée du cordon en masse*) et ses suites, l'article que j'ai publié dans le *Journal des vétérinaires du Midi*, année 1842, p. 175, et le Mémoire de M. Festal (Philippe), même journal, année 1845, p. 18.

Effets d'une trop forte compression produite sur les bourses par la ligature. — L'expérience seule peut apprendre à connaître le degré de constriction à exercer sur les bourses pour que la compression, faite par la ligature, soit dans de justes limites.

Les accidents résultant d'une trop forte compression sont plus rares et moins graves que ceux déterminés par un état opposé ; il vaut donc mieux pécher par excès que par défaut.

Les accidents résultant d'une trop forte compression sont : la mortification complète de tous les tissus placés au-dessous de la ligature, ou seulement de la partie de la peau, ou quelques-unes des couches qui forment cet organe, comprimé par le lien.

Ces accidents offrent, dans leur développement, trois degrés : la mortification du tissu, son élimination et la cicatrisation de la plaie qui en résulte ; chacun de ces degrés a diverses phases que nous croyons pouvoir, sans inconvénient, nous dispenser de décrire ; nous aurions, en effet, à répéter ce qui a été dit au sujet de la mortification des tissus, par arrêt de circulation et d'innervation.

Quant au traitement, les indications sont faciles à saisir, et les médications qu'elles réclament aisées à remplir ; aussi serons-nous très-bref à ce sujet.

Il faut : 1° s'opposer à la mortification : on y parvient en enlevant d'abord la cause et employant ensuite des excitants, des irritants dont l'énergie est en rapport avec les diverses phases que présente la vitalité des parties dont on redoute la mortification.

2° Eliminer les tissus où la vitalité est entièrement éteinte ; on l'obtient en dirigeant, aidant l'inflammation éliminatoire qui s'établit au pourtour de la partie mortifiée. Si cette inflammation languit, c'est encore à la classe des excitants, des irritants qu'il faut avoir recours pour lui donner le degré d'intensité convenable; si elle dépasse les limites voulues, c'est aux émollients, aux calmants qu'on doit s'adresser ; mais, n'oublions pas que, chez les animaux de l'espèce bovine ou ovine, il faut être très-sobre de ces derniers moyens.

3° Placer la plaie dans les conditions les plus favorables pour la cicatrisation ; les médications doivent toujours être en rapport avec la nature de la plaie.

Les excitants au début, les caustiques ensuite, forment la base du traitement. Nous ajouterons même qu'on aura presque toujours à se louer de l'emploi des caustiques, plus ou moins énergiques, jusqu'à entière cicatrisation.

Inflammation portée au-delà des limites ordinaires ; fièvre de réaction qui en résulte. — Nous avons eu occasion de signaler, dans plusieurs passages de notre travail, les causes des troubles morbides dont nous allons nous occuper. Il nous suffira donc de les énoncer.

Ces *causes*, nous pouvons les diviser en deux catégories : 1° *les causes inhérentes à l'individu ; 2° celles qui en sont indépendantes.* Parmi les premières, nous trouvons : l'âge, la force, l'énergie, l'irritabilité du sujet ; plus l'animal sera âgé, plus la force, l'énergie, l'irritabilité, seront parvenues à un haut degré, et plus aussi on aura à redouter l'intensité des phénomènes inflammatoires. Telle est la règle.

Si les animaux maigres, peu énergiques, ou à tempérament lymphatique, semblent, par suite du fort engorgement qui se produit souvent chez eux, faire de nombreuses exceptions, il nous est facile de nous convaincre qu'ici il y a plus d'apparence que de réalité, et, disons-le de suite, chez eux il y a plutôt infiltration asthénique qu'inflammation franche. Il importe beaucoup, au point de vue du traitement, de distinguer ces deux états.

Parmi les deuxièmes, nous citerons : les extrêmes températures, le souffle du vent du sud, les écarts de régime, les manipulations longtemps continuées, mal exécutées ou trop fortes, etc.

Symptômes. — Si l'inflammation doit dépasser les limites ordinaires, les phénomènes qui la caractérisent se produisent avec rapidité, ont une grande intensité, et ne se bornent pas, ainsi que nous l'avons indiqué (page 47), aux bourses, mais ils s'étendent aux aines et à la partie supérieure du fourreau : le trouble général, au lieu de disparaître, persiste ; l'animal est ramassé sur lui-même, il y a de l'inappétence ; la rumination est irrégulière ; les muqueuses sont injectées ; le pouls est plein, accéléré ; la respiration fréquente. Ces symptômes se produisent dans les douze ou vingt-quatre heures qui suivent l'opération.

Les symptômes ne tardent pas à s'aggraver : la partie des bourses située au-dessous de la ligature, qui d'ordinaire ne s'infiltre que lorsqu'on a enlevé le lien, participe à l'inflammation; le lien semble enfoncé dans le tissu cutané, les bourses et la région des cordons testiculaires jusqu'à l'aine forment une masse cylindrique très-chaude, très-dure, très-douloureuse, et souvent parsemée de nombreuses ecchymoses; l'inflammation se propage le long du fourreau; mais ici elle est loin d'avoir la même intensité; le décubitus est presque continu, le membre postérieur opposé à celui qui appuie sur le sol est fortement porté en avant, et l'animal le soulève souvent comme pour éviter la douleur que son appui produit sur la partie malade.

Pendant la marche, les membres postérieurs sont écartés, et il y a de la raideur du train postérieur.

L'animal est triste, le poil est terne, la peau chaude et sèche, la région lombaire, voussée en contre-haut, est douloureuse; le mufle est sec, la bouche chaude, l'appétit et la rumination sont capricieux, les muqueuses très-injectées, le pouls est fort, accéléré, la respiration fréquente, les sécrétions sont sensiblement diminuées.

C'est ordinairement du quatrième au sixième jour que la maladie a acquis le degré d'intensité que nous venons de faire connaître. Là n'est pas toujours son état; souvent l'inflammation progresse encore durant cinq ou six jours; alors l'infiltration a gagné la face interne des cuisses, les bourses arrivent quelquefois jusqu'au niveau des jarrets, l'engorgement occupe toute la partie inférieure de l'abdomen, envahit même le dessous de la poitrine. Cet engorgement mou, peu chaud, peu douloureux, conserve l'impression du doigt; si on le scarifie, il s'en écoule de la sérosité d'une couleur jaune légèrement rougeâtre.

L'animal se couche rarement, tient ses membres postérieurs fortement écartés, la locomotion est difficile et douloureuse, le flanc est retroussé, la rumination, quoique rare, se conserve, l'appétit est peu prononcé, la fièvre de réaction moins vive; à cette époque, les membres sont souvent engorgés.

Marche, durée. — La marche est régulière, continue; la durée est en rapport avec les diverses terminaisons.

Terminaisons. — Les seules que nous ayons observées sont: la *résolution*, l'*induration*, la *suppuration;* nous n'avons jamais vu cette inflammation se terminer par la gangrène.

Résolution. — Elle est annoncée par un amendement dans le trouble général de l'économie animale; la résorption commence à s'effectuer; elle débute par les dernières parties envahies; le mieux va se produisant de jour en jour; la colonne dorso-lombaire reprend sa position normale; le poil devient lisse, lustré, le mufle fleuri; la température de la peau baisse; l'appétit se prononce, la rumination s'effectue mieux; l'injection des muqueuses disparaît; la circulation, la respiration se régularisent; les sécrétions reprennent leur activité.

L'amélioration continue régulièrement sa marche, et en quinze ou vingt jours, à dater du moment où l'inflammation avait atteint son état, tous les phénomènes morbides sont presque entièrement dissipés: l'ordre est rétabli.

Induration. — Parfois la résolution de l'engorgement n'est pas complète, les bourses restent tuméfiées, dures; la chaleur et la douleur diminuent. Après un délai de vingt-cinq à quarante jours, il ne reste des phénomènes inflammatoires que la tuméfaction et la dureté. Cette tuméfaction a quelquefois le volume d'un pain d'un kilogramme; elle a une forme allongée, sa surface est lisse : pas le moindre trouble ne se décèle dans l'état général du sujet.

Plusieurs mois, des années même peuvent s'écouler sans qu'on saisisse dans cette tuméfaction des modifications bien appréciables. On voit seulement que la dureté augmente et que la chaleur et la douleur, déjà à peine sensibles, vont toujours diminuant.

L'exploration, vers la région de l'anneau inguinal, du cordon testiculaire fait reconnaître que cet organe a beaucoup diminué de volume, et que le tissu cellulaire qui l'entoure ne participe pas à l'induration.

D'autres fois le ramollissement de cette matière indurée se produit; un ou plusieurs points de la tuméfaction deviennent fluctuants, la peau s'amincit, les poils se hérissent, sont aglutinés par de la sérosité; l'abcès ou les abcès s'ouvrent, une matière de couleur jaune-rougeâtre, mal liée, ressemblant à du pus non louable, s'échappe des ouvertures. Bientôt, s'il y a eu plusieurs points de ramollissement, un vaste foyer s'établit par suite de la destruction du tissu qui séparait les divers petits abcès. La matière déjà signalée s'écoule durant plusieurs jours, de gros bourgeons charnus recouvrent et comblent bientôt les plaies, la cicatrisation a lieu, et souvent l'induration persiste.

Au point de vue de l'anatomie pathologique, l'induration peut être rouge, grise ou blanche, selon qu'on l'examine à une période plus ou moins avancée.

Les caractères de ces diverses transformations sont trop bien connues pour que nous ayons à les décrire.

Nous insisterons néanmoins sur le fait suivant :

Lorsque le bistournage a été complet, cet état morbide,

l'induration, se passe entièrement dans le tissu cellulaire situé en dehors de la tunique érythroïde ; le testicule, entouré de ses enveloppes, n'y participe en rien ; cette glande s'atrophie ; les modifications qui surviennent d'ordinaire dans les enveloppes testiculaires et le cordon se produisent.

Plusieurs fois nous avons eu à exciser ce tissu induré, et toujours nous avons trouvé, lorsque la maladie datait seulement depuis six mois, la glande testiculaire, ses enveloppes et le cordon avec les caractères que nous avons fait connaître (page 51 et suivantes).

Pour que l'induration survienne, il n'est pas indispensable que les phénomènes inflammatoires soient parvenus à un haut degré; elle peut se montrer alors même que l'inflammation semble être restée dans de justes limites. Nous pourrions en dire autant de la suppuration : toujours est-il que ces terminaisons sont plus fréquentes dans le premier cas.

Suppuration. — Ici, comme dans la terminaison par induration, on voit la tuméfaction persister à la région testiculaire alors que l'infiltration a presque disparu dans les autres points ; mais les phénomènes inflammatoires locaux au lieu de diminuer augmentent ; la région des bourses devient tendue, chaude, très-douloureuse ; l'infiltration semble vouloir se propager de nouveau ; mais elle s'étend seulement un peu en avant des bourses.

L'animal est triste, l'appétit, la rumination se soutiennent, pas de fièvre de réaction sensible, le décubitus est douloureux.

Ces symptômes augmentent journellement, mais ce n'est guère qu'au bout de vingt à trente jours que la tumeur devient saillante dans son centre, la fluctuation y apparaît, la peau s'y amincit, devient bleuâtre, enfin le pus se fait jour.

Ce délai de trente jours, entre l'apparition des premiers symptômes caractérisant la terminaison par suppuration et l'ouverture de l'abcès, pourra peut-être paraître long aux vétérinaires qui ignorent avec quelle lenteur la suppuration s'établit chez les animaux de l'espèce bovine. Pour notre compte, nous avons vu souvent ce délai dépassé de beaucoup.

Le pus qui s'écoule est de bonne nature; si on laisse la plaie livrée à elle-même, la suppuration se tarit vite, et la plaie se ferme pour se rouvrir plus tard; néanmoins, une petite fistule persiste quelquefois.

Parfois, on rencontre au milieu de la suppuration le testicule bistourné; il peut être ou non détaché de son cordon, il est toujours entouré des membranes érythroïde, fibreuse, etc.

On trouve la cause de ce dernier accident dans la destruction, par la suppuration, du réseau vasculaire conduisant les éléments de nutrition aux membranes entourant immédiatement le testicule. Les enveloppes étant privées de sang doivent nécessairement être éliminées, de même que le testicule qu'elles protégeaient.

Enfin, il n'est pas rare de voir l'induration succéder à la suppuration.

Nous avons peu souvent constaté l'élimination des deux testicules, et nous pouvons assurer que, lorsque la suppuration porte ses ravages jusqu'à ce point, ces effets se bornent généralement à un seul.

Nous avons énoncé que chez les animaux maigres, peu énergiques ou à tempérament lymphatique, on observait souvent un fort engorgement. Cela se voit surtout lorsque la température chaude ou froide est en même temps humide.

Cet engorgement est bien loin d'avoir les caractères de celui qui est le partage des animaux forts, énergiques, etc., et dont nous avons donné une idée.

Les symptômes caractéristiques sont : une tuméfaction peu chaude, peu douloureuse, conservant l'empreinte du doigt, entourant d'abord les bourses, mais ne parvenant jamais dans la région de l'aine, s'étendant plutôt le long du fourreau et gagnant insensiblement la région abdominale. Si on scarifie, il s'en écoule un liquide séreux, clair, d'une couleur légèrement jaunâtre : pas de fièvre de réaction; l'animal se couche sans crainte : le décubitus est normal.

Cette infiltration séreuse se produit avec beaucoup de lenteur, et souvent elle ne commence même à envahir le fourreau que deux ou trois jours après l'opération.

Sa terminaison la plus ordinaire est la résolution qui est longue à s'effectuer.

Nous avons enfin constaté quelques cas d'induration, mais jamais de suppuration.

Traitement. — Il doit être en rapport avec les diverses phases de la maladie.

Au début, on emploie les aspersions d'eau froide sur la partie engorgée, les émissions sanguines faites à la saphène, la jugulaire, ou mieux à l'artère et à la veine coccygiennes, attendu qu'il est parfois difficile, à cause de l'épaisseur de la peau, de saigner à la jugulaire, et la saignée à la saphène n'est pas toujours aisée; il importe que l'action réfrigérente soit continue; la diète et le repos seront sévèrement observés.

Ces simples moyens suffisent le plus souvent pour entraver la marche de l'affection.

Si la maladie fait des progrès, on pratique de nombreuses scarifications sur les parties enflammées, et on insiste sur les réfrigérents. Lorsque l'engorgement est très-douloureux, on peut essayer des lotions calmantes; mais il ne faut pas trop persévérer sur ce moyen; à l'intérieur, nitrate de potasse dans les barbotages; les ruminants refusant souvent les boissons qui renferment ce sel, on l'administre en breuvages dans une décoction d'orge.

Si la maladie est à son état, le traitement est le même que dans les autres périodes. Il importe cependant d'être sobre des saignées générales; les émissions sanguines locales sont de beaucoup préférables.

La résolution commençant à s'opérer, on la favorise par des lotions avec des infusions de fleur de sureau d'abord, puis de plantes aromatiques qu'on peut avantageusement mélanger à de l'eau-de-vie camphrée.

Les pommades, les bandages suspensifs, ayant été entre nos mains plutôt nuisibles qu'utiles, nous ne pouvons les conseiller.

Induration. — Le traitement varie selon la période de la maladie. Dès le principe (induration rouge), on peut encore recourir aux scarifications, suivies de lotions d'infusions aromatiques, de lie de vin, d'eau-de-vie camphrée.

Si l'induration est arrivée à la deuxième ou à la troisième période (induration grise ou blanche), on doit peu compter sur les moyens médicamenteux; ceux qui peuvent laisser quelque espoir sont : les pommades iodées, l'onguent de Lebas, le vésicatoire; si on emploie ces agents, il faut, avant chaque nouvelle application, débarrasser la région des corps gras qui la recouvrent; des pointes de feu très-fines et profondes nous ont procuré quelques guérisons.

L'onguent de Lebas, le vésicatoire, ont souvent pour résultat d'activer le ramollissement de l'induration. Lorsque le ramollissement s'est produit, il ne faut pas craindre de débrider largement l'ouverture, ou les ouvertures, par où s'échappe le produit ramolli; on panse ensuite, jusqu'à cicatrisation, avec des caustiques, tels que liqueur de Villate, égyptiac, Solleysel; on peut encore promener, dans l'intérieur des foyers, des cautères chauffés à blanc, afin de détruire les tissus indurés non ramollis.

Si, malgré l'emploi de ces moyens, l'induration persiste, reste à pratiquer l'incision du tissu induré.

L'opération peut se borner à la simple excision, mais le plus souvent, le testicule bistourné étant emprisonné dans l'induration, il faut enlever aussi cet organe; ce qui ne complique pas l'opération; car alors elle est plus simple, plus facile, par les motifs qu'on n'a pas à ménager le testicule ni le cordon, dont les vaisseaux sont complètement oblitérés.

Quant au procédé opératoire, nous croyons tout-à-fait inutile de le décrire minutieusement.

Tantôt une seule incision suffit, d'autres fois il en faut plusieurs, dont les directions varient au gré de l'opérateur; il est quelquefois utile d'enlever un lambeau des bourses. Il importe d'inciser largement, de ne pas laisser d'infundibulum, où le sang pourrait s'arrêter, séjourner, se putréfier et produire des accidents fâcheux; il faut aussi enlever tout le tissu induré; si c'était impossible, il faudrait le cautériser, soit avec le cautère actuel, ce qui est le plus simple, soit avec l'acide âzotique.

L'hémorrhagie arrêtée, on fait un pansement compressif et maintenu par des bourdonnets : nous appliquons presque toujours sur la plaie un plumasseau imbibé d'eau de Rabel étendue.

Vingt-quatre heures après l'opération, il est bon de lever l'appareil; on devra même devancer ce moment, si, après le pansement, il y a eu de l'hémorrhagie, et que la température soit élevée et humide.

Ce premier pansement doit être fait avec beaucoup de soin; on débarrasse la plaie de tous les caillots qui la recouvrent; on cautérise avec l'eau de Rabel, ou on panse avec un mélange de quinquina et d'essence de térébenthine, ou seulement avec de l'essence de térébenthine, vu la facilité avec laquelle on se la procure.

Le deuxième pansement, à moins d'indications particulières, ne doit se renouveler que lorsque un suintement séreux s'écoule des lèvres de la plaie; ce qui n'arrive guère avant le quatrième ou cinquième jour.

Les autres pansements varient selon l'état de la plaie et l'abondance de la suppuration ; ils doivent toujours être dirigés de manière à exercer une légère compression, et à faire cicatriser du fond à la superficie.

A moins de contre-indications très-manifestes, les caustiques seront employés jusqu'à complète cicatrisation.

Par ces moyens on évite généralement la formation de gros bourgeons cellulo-vasculaires et le renversement, l'induration des lèvres de la plaie.

Suppuration. — Sitôt que la fluctuation est évidente, on doit s'empresser de ponctionner l'abcès et l'ouvrir largement; si l'abcès est déjà ouvert, il est encore utile de le débrider pour faciliter l'écoulement du pus et la sortie du testicule, lorsque cet organe est détaché de son cordon; si le testicule était encore soutenu par le cordon, on peut exciser celui-ci sans crainte d'hémorrhagie; on déterge la plaie, on enlève les lambeaux de tissu cellulaire mortifiés, et on panse selon l'indication, ne perdant jamais de vue les bons effets qu'on obtient des caustiques, et on conduit, par des pansements rationnels, la plaie jusqu'à entière cicatrisation.

Si la cicatrisation n'est pas bien dirigée, ou qu'elle soit abandonnée à elle-même, il n'est pas rare de voir à la suppuration succéder des produits morbides, tels que indurations, tumeurs fibro-plastiques, cancer, etc.; produits acquérant un volume plus ou moins considérables et confondus très-souvent avec les dégénérescences des testicules.

Le traitement de l'infiltration, que nous pouvons appeler asthénique, consiste en des scarifications, des frictions excitantes, irritantes; la compression produit d'heureux résultats; mais elle doit être faite de manière à ne pas s'opposer à l'écoulement des urines.

Le régime sera substantiel; la diète, les émissions sanguines sont défavorables.

L'induration survenant, le traitement que nous avons déjà indiqué doit être mis en usage.

Acrobustite. — L'inflammation, s'étendant le long du fourreau, peut gagner la face interne de cet organe; alors des symptômes particuliers viennent se joindre à ceux de l'inflammation, parvenue au-delà des limites ordinaires; ces symptômes sont les suivants : douleurs vives lors de l'expulsion des urines; ces douleurs sont accusées par les trépignements des membres postérieurs, le balancement de la queue, la flexion du train postérieur, l'arrêt subit du bond urétral, puis le retour de ce phénomène, mais n'ayant jamais la force du bond urétral de l'état normal; l'écoulement des urines est peu abondant, la muqueuse du fourreau est injectée, sèche, très-chaude. Si la maladie fait des progrès, la muqueuse s'épaissit, se renverse et fait hernie au-dehors; alors une tuméfaction rouge, ombiliquée dans son centre et pouvant acquérir le volume du poing, apparaît entre le bouquet de poils existant à l'orifice du fourreau; cette lésion n'aggrave pas la fièvre de réaction.

La marche de cette affection est régulière; sa durée, de quatre à huit jours; le pronostic n'est jamais fâcheux. Nous avons toujours vu cette maladie se terminer par la résolution.

Le traitement est des plus simples; au début, quelques douches d'eau froide; lorsque la muqueuse fait hernie, des scarifications sur la muqueuse, et la continuation des douches suffisent pour obtenir la guérison; il faut aussi avoir le soin de couper les poils de l'orifice du fourreau et placer une toile sous l'abdomen pour éviter le contact de la muqueuse avec la litière.

Hydrocèle. — Parmi les causes de cette maladie, M. Philippe Festal place en première ligne les manipulations nécessitées pour l'opération du bistournage. Pour notre compte, nous n'avons jamais vu cette affection être le résultat du bistournage; ce qui nous porte à penser que l'hydrocèle n'est pas un accident fréquent de cette opération.

N'ayant rien à ajouter à l'excellent Mémoire de notre confrère, M. Festal, nous y renvoyons nos lecteurs (*Journal des Vétérinaires du Midi*, année 1843, p. 201 et suivantes).

Orchite. — Les compressions exercées pendant l'opération sur le testicule sont la cause évidente de cette maladie.

Symptômes. — L'inflammation des bourses ne dépasse pas les limites ordinaires ; mais lorsqu'on comprime la masse enflammée, l'animal témoigne une vive douleur, la chaleur de la partie est très-élevée : ce sont les premiers symptômes pouvant faire présumer l'invasion de l'orchite, en tenant toutefois compte de l'irritabilité du sujet, des conditions et de la manière dont l'opération s'est faite ; nous disons présumer, car il serait très-hardi de diagnostiquer l'inflammation de cette glande avec les deux seuls symptômes sus-mentionnés.

La maladie continuant ses progrès, l'incertitude cesse vite ; on voit, en effet, la chaleur, la douleur acquérir plus d'intensité ; la partie inférieure du cordon se tuméfie, devient douloureuse à la pression. Le membre correspondant au testicule malade est manifestement tenu en dehors : les deux extrémités postérieures ont cette position, si les deux testicules sont affectés, ce qui est très-rare ; la colonne dorso-lombaire est voussée en contre-haut ; pendant la marche, le membre correspondant à l'organe malade est tenu écarté, le derrière chasse mal le devant ; il y a fièvre de réaction, et, chose importante à noter, la tuméfaction des bourses n'est pas en rapport avec la douleur de la partie et la fièvre de réaction. Tels sont les symptômes qui se manifestent dans les deux ou trois jours qui suivent l'invasion de la maladie. Là ne se borne pas toujours l'affection ; on la voit, durant sept ou huit jours encore, suivre une marche croissante ; la chaleur, la douleur sont des plus vives ; l'inflammation se propage le long du cordon, l'infiltration des bourses augmente, les membres sont écartés, le décubitus est rare, la région dorso-lombaire est fortement voussée en contre-haut et très-douloureuse à la pression, le poil est terne; il y a anorexie, inrumination, désir des boissons froides.

La maladie n'a pas toujours une marche aussi rapide, et ne se décèle pas par des symptômes aussi caractéristiques; ce n'est même que lorsque l'infiltration des bourses a presque disparu qu'on peut reconnaître l'*orchite*. Les symptômes sont : une légère augmentation du volume du testicule, la persistance de l'infiltration autour de cette glande et la douleur que témoigne l'animal lorsqu'on la comprime, le cordon est aussi un peu tuméfié et douloureux, mais seulement auprès du testicule; il n'existe pas les moindres signes de fièvre de réaction.

Cette maladie se développe avec lenteur et d'une manière pour ainsi dire latente; sa durée est indéterminée.

D'après ce que nous savons de l'orchite, nous pouvons admettre que cette affection offre deux types : l'un à marche rapide, avec présence de symptômes locaux et généraux très-intenses, *c'est l'aigu;* l'autre à marche lente, à symptômes locaux peu marqués, sans troubles généraux, *c'est le chronique.*

Terminaisons : Type aigu. — La résolution, l'induration, la suppuration, sont les seules terminaisons que nous ayons observées.

La résolution est caractérisée par la diminution graduelle des symptômes la caractérisant; elle survient généralement lorsque la maladie n'acquiert pas le degré de gravité que nous avons signalé. Ainsi, si l'on voit l'inflammation ne pas s'étendre le long du cordon testiculaire, la fièvre de réaction s'apaiser, on peut être assuré que la maladie va marcher rapidement vers la résolution ; et c'est, en effet, ce que l'avenir prouve.

Induration. — Si la maladie a atteint sa dernière période, il est rare que la résolution soit complète ; les symptômes perdent, il est vrai, de leur intensité, la fièvre de réaction se calme, l'engorgement diminue, la chaleur, la douleur sont moins vives ; mais, au bout d'une trentaine de jours, le tissu malade conserve encore un volume supérieur à celui de l'état physiologique ; la chaleur est presque normale, mais il reste une douleur ne se manifestant bien que si l'on comprime fortement le testicule ; le toucher fait même découvrir une inégalité dans la dureté du tissu. Cet état peut persister plusieurs mois, des années même, sans subir de modifications bien évidentes. L'économie animale ne paraît pas être influencée par cet état morbide ; nous noterons néanmoins, comme un point important, que, si le bistournage a été complet, les attributs du taureau disparaissent. S'il a été manqué, ne serait-ce que d'un seul testicule, l'état morbide, sous l'influence duquel se trouve l'organe, ne détruit pas les désirs de l'accouplement ; la conformation, quoique modifiée, conserve encore quelques caractères de masculinité.

Suppuration. — La maladie étant arrivée à son dernier degré semble rester stationnaire ; mais avec un peu d'attention, on s'aperçoit que l'infiltration s'accroît ; la chaleur, la douleur augmentent dans un point circonscrit de la tuméfaction ; l'état général du sujet s'améliore plutôt que de s'aggraver. Dans les vingt-cinq jours environ suivants, des phénomènes annonçant la suppuration, que nous croyons inutile de décrire, apparaissent, et l'abcès s'ouvre. Au pus qui s'écoule sont mélangés des filaments de couleur blanc-jaunâtre, résidu des tissus de la glande et de la tunique érythroïde. En explorant la plaie on s'assure de l'étendue du foyer de suppuration, et on peut se convaincre que rarement toute la glande est tombée en suppuration; il en reste encore des débris fixés au cordon testiculaire, et que la suppuration finit par entraîner.

La plaie par où s'est écoulé ce pus a une grande tendance à se fermer; ce qu'il faut soigneusement éviter, si l'on ne veut pas voir reparaître, alors que la cicatrisation a été trop prompte, un nouvel abcès. Si la cicatrisation de la plaie a été mal dirigée, le tissu cellulaire et les portions de testicule non éliminés peuvent devenir le siége de productions hétérologues; il arrive même qu'elles se forment malgré les soins les plus rationnels.

Les terminaisons du type chronique sont la résolution et l'induration; les signes qui les annoncent et les font reconnaître ont été suffisamment indiqués en parlant du type aigu. Nous croyons donc pouvoir nous dispenser de les rappeler. Nous noterons néanmoins que les symptômes de l'état chronique étant moins intenses, les terminaisons sont aussi plus longues à se produire.

Les diverses terminaisons que nous venons de signaler sont les plus fréquentes, mais non les seules.

Les indurations, soit quelles existent dans un seul testicule, ou dans les deux en même temps, ou dans le tissu cellulaire entourant cet organe, soit qu'elles succèdent à la suppuration, sont susceptibles à leur tour de subir des modifications de texture. Ainsi, sous l'influence de conditions souvent inappréciables apparaissent des tissus de nouvelle formation que les causes, les symptômes, la marche, la durée, les terminaisons, l'action qu'ils peuvent avoir sur l'économie animale, les caractères physiques, chimiques, microscopiques, la récidive, la curabilité ou l'incurabilité, permettent de classer en diverses catégories, telles que : tissu fibreux, fibro-plastique, tuberculeux, cancéreux, etc. Ces produits pathologiques peuvent exister isolément, mais aussi on en rencontre plusieurs réunis.

Ces diverses altérations ne succèdent pas toujours à l'induration; elles peuvent être le résultat immédiat de l'inflammation chronique. Cette inflammation n'est parfois que la cause déterminante de certaines de ces altérations; exemple : le cancer. Nul doute qu'il ne fût très-intéressant de faire l'étude pathologique et comparative de ces divers tissus morbides, y compris l'induration. Nous aurions peut-être osé entreprendre ce travail, si nous n'eussions été assuré de voir cette lacune bientôt comblée par un homme plus compétent que nous. C'est ce même motif qui nous fait passer sous silence l'anatomie pathologique de ces altérations, voir même de l'induration, et puis nous avons hâte de terminer un travail déjà un peu long.

Traitement : type aigu. — Au début, l'eau fraîche saturnée, l'alun dissout dans l'eau, l'application de terre de meule, de terre glaise. On doit persévérer dans ces moyens durant vingt-quatre ou trente-six heures, et les continuer s'il y a de l'amélioration. Dans le cas contraire, on a recours aux émollients, aux saignées locales produites par des scarifications; on prescrit la diète.

Si la maladie marche rapidement vers sa dernière période, on doit avoir recours aux saignées générales, aux cataplasmes émollients et calmants, qu'on a le soin de tenir continuellement humectés avec l'eau qui a servi pour faire le cataplasme, aux fumigations locales de même nature. On place un suspensoir qui a pour but de s'opposer au tiraillement du cordon et de soutenir le cataplasme. On passe aussi quelques lavements émollients pour maintenir le ventre libre. L'animal est laissé au repos.

Ces médications suffisent le plus souvent pour obtenir la résolution ; le résultat est d'autant plus assuré que la maladie a été prise plus tôt.

L'induration se combat par les mêmes moyens que l'induration du tissu cellulaire. Ici, il importe d'insister un peu plus sur les pommades iodées.

Suppuration. — Il faut favoriser la formation du pus : l'onguent de Lebas, et mieux le vésicatoire, remplissent parfaitement ce but. Une fois la fluctuation reconnue, on peut se hâter de ponctionner l'abcès ; l'incision doit être assez grande pour faciliter l'écoulement du pus, du détritus du testicule et du tissu cellulaire. Si le bistournage a été complet, on peut exciser sans crainte les parties du testicule qui restent, voir même le cordon ; si le bistournage a été manqué, il faut agir plus prudemment, et s'il y a indication d'exciser des lambeaux de testicule et même le cordon, il faut préalablement passer une ligature au-dessus de la partie qui doit être enlevée, et toujours sur un point sain du cordon testiculaire. Il faut ensuite panser la plaie, comme nous l'avons indiqué au sujet de la suppuration survenant à la suite de l'inflammation des bourses portées au-delà des limites ordinaires.

Malgré l'emploi de tous ces moyens, il peut rester une lésion du testicule (induration) menaçant toujours de faire des progrès. Il faut alors en venir à l'opération :

les règles que nous avons indiquées au sujet de l'excision du tissu induré trouvent ici leur application.

Il y a néanmoins une modification à apporter au manuel opératoire, selon que le bistournage a été ou n'a pas été manqué. S'il a été manqué, nous avons indiqué ailleurs les signes qui le font reconnaître, on doit placer une ligature sur une partie saine du cordon ; dans le cas contraire, on peut se dispenser de cette précaution, l'hémorrhagie n'étant pas à redouter, puisque les vaisseaux du cordon sont oblitérés. S'il existe une ou plusieurs des altérations morbides que nous avons seulement énumérées, l'opération peut être indiquée dans un cas et non dans l'autre ; cela dépend de la nature de l'altération, de la période à laquelle elle est arrivée, de l'âge du sujet, de l'état de maigreur ou d'embonpoint où il se trouve, etc., toutes choses qui seront examinées dans un autre Mémoire.

Le *type chronique* réclame l'emploi des résolutifs, des fondants. L'induration se traite comme celle de l'état aigu.

Engorgement du cordon testiculaire. — Cette affection se produit sous l'influence des mêmes causes que celles de l'orchite. Ici l'action a porté sur le cordon ; elle est aussi un des effets de l'orchite ; il est même très-rare que ces deux maladies existent isolément ; l'une entraîne presque infailliblement l'autre, mais à un degré plus ou moins prononcé.

Cette maladie peut intéresser seulement le cordon jusqu'à l'anneau inguinal, ou s'étendre jusques dans la cavité abdominale.

Symptômes. — Tuméfaction, chaleur, douleur du cordon spermatique, infiltration du tissu cellulaire qui l'entoure : l'inflammation se propage au testicule, si toutefois la maladie n'est pas partie de ce dernier organe; ces symptômes sont généralement bornés à la région du cordon situé au-dessous de l'anneau inguinal.

L'économie générale ne se ressent pas de cet état morbide. Cette lésion peut rester stationnaire plusieurs mois. Mais si la maladie continue ses progrès, l'inflammation s'étend tout le long du cordon; ce dont on s'assure par l'exploration rectale. Le toucher fait, en effet, reconnaître une tuméfaction longitudinale, plus ou moins volumineuse, douloureuse à la pression; l'infiltration a augmenté; la peau entourant le cordon est tendue, luisante; l'engorgement des bourses ne dépasse pas sensiblement l'inflammation que détermine le bistournage; l'animal est triste, le poil piqué, la région lombaire voussée en contre-haut, le mouvement du train postérieur est difficile et pénible, le membre correspondant au cordon malade est, comme dans l'orchite, tenu écarté; l'appétit est diminué, la rumination s'exécute rarement et avec lenteur; il y a fièvre de réaction assez intense.

La maladie parcourt ses périodes avec régularité, et le temps qu'elle met pour parvenir à son dernier degré varie beaucoup; tantôt quelques jours lui suffisent, d'autres fois il lui faut plusieurs mois.

Terminaisons. — Les plus communes sont: la résolution, l'induration, la suppuration.

Résolution. — Toutes les fois que l'inflammation se borne à la partie située en dehors de l'abdomen, on peut être presque assuré d'obtenir cette terminaison. Si l'engorgement s'étend jusques dans l'abdomen, on peut encore espérer la résolution, mais elle est beaucoup plus rare que dans le premier cas; les symptômes qui l'annoncent sont d'abord l'arrêt des phénomènes locaux et généraux, puis leur disparition lente et graduelle; le temps qu'elle met à se produire varie entre quinze et trente jours environ.

Induration. — Des symptômes inflammatoires la tuméfaction seule reste; encore a-t-elle diminué de volume.

L'appétit, la rumination reparaissent; mais, malgré cela, l'animal reste maigre; le moindre travail le fatigue et le fait dépérir.

Lorsque l'induration s'étend jusques dans l'abdomen, le malade maigrit de jour en jour, ses forces s'épuisent, le poil devient piqué, la peau sèche, adhérente; les yeux s'enfoncent dans leurs orbites; l'appétit, la rumination sont capricieux; l'animal se lève avec difficulté, la diarrhée survient et l'animal ne tarde pas à succomber; ce n'est guère qu'au bout de deux ou trois mois que le désordre fonctionnel est porté au degré que nous venons de signaler.

Suppuration. — Nous l'avons toujours observée sur la région du cordon située en dehors de l'abdomen; elle est annoncée par l'augmentation de volume de la partie malade, une très-forte tension, une chaleur, une douleur très-prononcées, l'aggravation de la fièvre de réaction. Une vingtaine de jours plus tard, les symptômes caractéristiques de l'abcès se dévoilent, et le pus finit par se faire jour par une ou plusieurs ouvertures.

Le pus qui s'écoule est de bonne nature; nous y avons quelquefois rencontré des morceaux de tissus minces, étroits, résistants, polis, de couleur blanchâtre, ayant quelquefois 5 ou 6 centimètres de long, et que nous avons pris pour des débris de vaisseaux.

On conçoit quelle serait la gravité des abcès se formant dans la région du cordon situé dans l'abdomen.

Dans l'engorgement du cordon testiculaire peuvent apparaître les tissus hétérologues dont nous avons parlé à propos de l'orchite.

M. Lafosse, professeur de clinique à l'Ecole de Toulouse, a vu, après l'extraction d'une tumeur que formaient le testicule et le cordon, à la suite d'une phlébite occasionnée par le bistournage, l'inflammation s'étendre aux vaisseaux du poumon. L'autopsie lui dévoila la marche et les lésions de la phlébite.

Ce n'est guère que depuis que nous sommes attaché à la chaire de clinique de l'Ecole vétérinaire de Toulouse, qu'à l'exemple de notre professeur, nous avons étudié minutieusement les caractères pathologiques des tumeurs du cordon spermatique; c'est à lui que nous devons d'avoir porté notre attention sur les altérations bien évidentes qu'offrent dans cette lésion les vaisseaux de la région malade.

Au point de vue de l'anatomie pathologique, nous n'avons pas suivi toutes les phases de l'engorgement du cordon testiculaire; ce peut être peu important relativement aux modifications que subit l'induration, mais cela aurait une grande valeur au sujet des altérations qu'offrent les veines.

Ce que nous pouvons assurer, c'est d'avoir trouvé les veines du cordon testiculaire remplies d'un caillot dur, résistant, dépouillé de sa matière colorante, et adhérent à la face interne du vaisseau; les parois du vaisseau sensiblement épaissies, la surface libre de la tunique interne légèrement granuleuse et de couleur brunâtre.

Nul doute qu'au début de la maladie l'examen du vaisseau ne nous eût offert les traces d'une inflammation récente.

De même qu'à la période de la suppuration, nous aurions pu trouver du pus dans les vaisseaux de la partie affectée et des modifications dans les parois du vaisseau, les rendant habiles à sécréter le pus.

En l'absence de ces faits, qui seraient d'une grande valeur pour appuyer notre manière de voir, nous n'en pensons pas moins que l'inflammation des vaisseaux joue un grand rôle dans la production de l'engorgement du cordon testiculaire.

Le traitement, à part quelques légères modifications, est le même que celui de l'orchite; lors de l'induration, on doit moins insister sur les pommades iodées que sur l'onguent de Lebas et le vésicatoire.

Si l'opération a été décidée, on ne devra employer la ligature qu'autant qu'il y aura possibilité de la placer sur une partie saine du cordon; dans le cas contraire, on excise tout ce qu'on peut du tissu induré, et on plonge ensuite dans ce qui reste des cautères chauffés à blanc: faudrait-il dépasser l'anneau, on ne devrait pas hésiter.

Nous sommes d'avis cependant de ne pas opérer, si on ne voit pas la possibilité de placer la ligature sur une partie saine du cordon, surtout si l'animal a quelque valeur pour la boucherie.

A plus forte raison ne conseillons-nous pas l'opération lorsque le cordon est fortement engorgé dans tout son trajet abdominal.

En présence de tous ces accidents du bistournage, il nous semble entendre nos lecteurs (ceux du moins qui n'ont pas eu occasion de pratiquer ou voir pratiquer souvent cette opération) s'écrier : le bistournage n'est pas aussi simple que nous le pensions; et pourquoi irions-nous chercher à apprendre à faire une opération très-fatigante, et présentant de si nombreuses chances de non-réussite et de si graves complications?

Rassurez-vous, chers lecteurs, et n'oubliez pas que nous avons déjà prouvé (page 16 et suivantes) que, pour les ruminants, le bistournage était de beaucoup préférable à tous les autres moyens de castration.

Les accidents que nous avons décrits s'observent, mais vous aurez rarement à les combattre, en prenant les précautions que nous avons indiquées; et puis, ignorez vous donc que partout il y a le revers de la médaille.

Un mot sur le sarcocèle. — On comprend sous cette dénomination (sarcocèle) plusieurs dégénérescences du testicule, et principalement le cancer de cet organe.

En parlant de sarcocèle, notre but est d'établir : 1° que très-souvent on a qualifié de ce nom des tumeurs survenant dans la région des bourses, et où le testicule était entièrement étranger à cette altération ; 2° que lorsque le bistournage a été bien réussi et sans complication, les testicules n'offrent aucune des lésions désignées sous le nom de sarcocèle.

On voit souvent chez des animaux âgés, alors que le bistournage est bien réussi, survenir dans la région des bourses une tuméfaction plus ou moins considérable, bornée quelquefois à la région testiculaire, d'autres fois s'étendant le long du cordon. On ne manque pas de désigner cette lésion sous le nom de sarcocèle.

L'opération ayant permis de faire l'étude de la tumeur, on trouve que le testicule bistourné ne participe nullement à l'altération.

D'autres fois, le testicule ayant été éliminé par la suppuration, il survient dans la partie une tuméfaction, que, faute de renseignements exacts, on prend pour une lésion du testicule.

Dans d'autres circonstances, l'altération réside bien évidemment dans le testicule; mais en faisant l'étude de la tumeur, on s'assure facilement, d'après la position du testicule et l'état du cordon, que le bistournage a été manqué.

Il est enfin des cas où le bistournage est bien réussi : le testicule est, en effet, parallèle à son cordon, et ce dernier est atrophié; et néanmoins, au bout d'un an et plus, le testicule devient le siége d'un sarcocèle.

Mais ne savons-nous pas que, par suite de l'opération, le testicule peut être frappé d'une inflammation caractérisée par les symptômes que nous avons fait connaître (voyez orchite); ce qui n'empêche pas la réussite du bistournage.

Cette inflammation peut rester longtemps à l'état chronique, ou se terminer par induration; d'où il résulte que ces états morbides placent l'organe dans la possibilité de subir d'autres altérations, sous l'influence de causes échappant parfois à nos investigations.

Il résulte de ce que nous venons d'exposer, que si le testicule bistourné est frappé d'une des altérations désignées sous le nom de *sarcocèle*, c'est qu'alors le bistournage n'a pas été réussi, ou que cette opération a laissé dans la glande une inflammation chronique ou une induration.

Il nous serait facile, au besoin, de citer de nombreux faits à l'appui de ce que nous avançons.

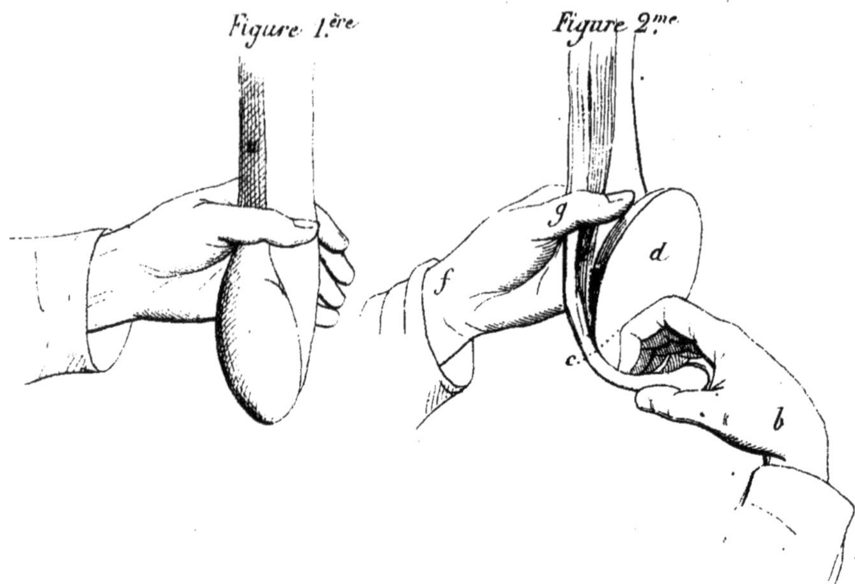
Figure 1.ère
Figure 2.me
g
d
f
c.
b

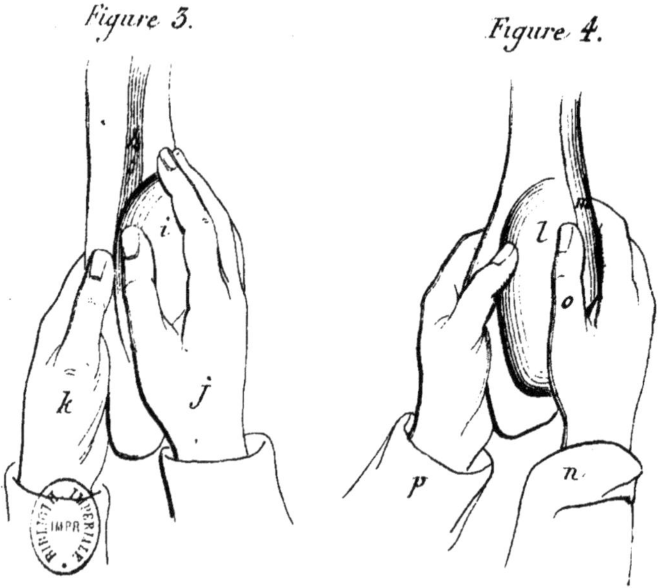
Figure 3.
Figure 4.
i
k
j
l
m
o
p
n

EXPLICATION DES FIGURES.

DEUXIÈME TEMPS DE L'OPÉRATION.

Figure 1re. Elle représente la position de la main gauche au moment de faire basculer le testicule.

a — Cordon testiculaire placé entre le pouce et l'index.

Figure 2e. — *b* — Main droite tenant le fond des bourses et tirant de haut en bas.

c — Face externe des doigts appuyant contre la face postérieure du testicule pour le faire culbuter.

d — Testicule formant, avec le cordon *e*, un angle aigu.

f — Position de la main gauche.

g — Pouce abandonnant le cordon et allant appuyer sur la face postérieure du testicule, pour aider à terminer la culbute de cet organe.

TROISIÈME TEMPS DE L'OPÉRATION.

Figure 3e. — *h* — Cordon testiculaire placé en avant du testicule.

i — Testicule.

j — Position des doigts de la main droite pour faire tourner le testicule de gauche à droite.

k — Position de la main gauche, dont les doigs impriment au cordon un mouvement de droite à gauche.

Figure 4e. — Le testicule a fait un demi-tour.

l — Testicule placé antérieurement au cordon *m*.

n — Position de la main droite.

o — Pouce appuyant sur le cordon, et le dirigeant de gauche à droite.

p — Main gauche dont les doigts, à l'exception du pouce, entraînent le testicule de droite à gauche.

C'est le pouce, *o*, qui doit, lorsqu'il a abandonné le cordon, se porter sur le testicule pour aider à terminer les mouvements circulaires qu'il doit (le testicule) effectuer autour de son cordon.

Toulouse, imprimerie de CHAUVIN et FEILLÈS, rue Mirepoix, 3.

www.ingramcontent.com/pod-product-compliance
Ingram Content Group UK Ltd.
Pitfield, Milton Keynes, MK11 3LW, UK
UKHW020339180726
13839UKWH00002B/792

9 782329 584669